普通高等教育"十三五"规划教材

Java 程序设计教程

何受倩　曾　昊　主　编
陈方昕　陆晓东　邹　月　副主编

中国铁道出版社有限公司
CHINA RAILWAY PUBLISHING HOUSE CO., LTD.

内 容 简 介

本书以项目为驱动，将项目分解成多个任务，以任务描述的形式引入问题进而解决问题。全书共分 15 个项目，主要内容包括：Java 概述及开发环境搭建，Java 语言编程基础，数组与方法，Teacher 类与对象的使用，类的继承与多态，抽象类、接口和包，异常捕获，Java 中 I/O 的应用，图形用户界面编程，多线程，Java 网络编程，用 Java 集合来实现学生信息的管理，使用 JDBC 实现超市进销存管理，API 帮助文档的使用及 MyEclipse 调试入门。

本书由易到难，循序渐进，内容全面，知识点详尽，适合作为普通高等院校计算机类专业的基础教材，也可作为使用 Java 语言相关工作人员及初学者的自学参考书。

图书在版编目（CIP）数据

Java 程序设计教程 / 何受倩，曾昊主编. —北京：
中国铁道出版社，2016.8（2019.8 重印）
普通高等教育"十三五"规划教材
ISBN 978-7-113-22016-7

Ⅰ. ①J… Ⅱ. ①何… ②曾… Ⅲ. ①JAVA 语言－程序
设计－高等学校－教材 Ⅳ. ①TP312.8

中国版本图书馆 CIP 数据核字(2016)第 203650 号

书　　名：Java 程序设计教程
作　　者：何受倩　曾　昊　主编

策　　划：王占清　韩从付　　　　　　　　读者热线：（010）63550836
责任编辑：周　欣　周海燕
编辑助理：祝和谊
封面设计：刘　颖
封面制作：白　雪
责任校对：汤淑梅
责任印制：郭向伟

出版发行：中国铁道出版社有限公司（100054，北京市西城区右安门西街 8 号）
网　　址：http://www.tdpress.com/51eds/
印　　刷：北京铭成印刷有限公司
版　　次：2016 年 9 月第 1 版　　　2019 年 8 月第 3 次印刷
开　　本：787mm×1092mm　1/16　印张：19.25　字数：456 千
书　　号：ISBN 978-7-113-22016-7
定　　价：45.00 元

前　言

Java 语言是 TIOBE 编程语言排行榜长期排名第一位的编程语言，是目前最流行的语言之一，它在网络程序设计和应用领域已经取得了巨大的成功，同时也被广泛应用在电子商务、手机和嵌入式芯片领域。由于 Java 语言的开放性和跨平台分布式特性，使全球数以万计的 Java 开发公司可以得到相互兼容的产品。

Java 继承了 C++语言面向对象技术的核心，同时封装了 C 语言中容易引起错误的指针、以接口取代多重继承等特性，降低了程序员出错的风险，增加了垃圾回收器功能，用于回收不再被引用的对象所占据的内存空间，使得程序员不用再为内存管理而担忧。它通过将源代码编译成二进制字节码，然后依赖各种不同平台上的虚拟机来解释执行字节码，从而实现了"一次编译、到处运行"的跨平台特性。所以，尽管它在桌面应用程序的开发方面略显不尽如人意，但是在网络应用和移动嵌入应用方面，Java 平台可驾驭从智能卡、小型消费类器件到大型数据中心的各种应用。

Java 是一个纯粹的面向对象的程序设计语言，良好地体现了面向对象的设计思想，因此，使用 Java 作为基础教学语言的方式也越来越得到重视。

关于本书的说明

目前市面上有很多 Java 教材，我们也选用了部分教材内容作为参考，但发现部分内容过于理论化、不够吸引人，案例与案例之间比较松散，联系不紧密。编者从事多年的 Java 程序教学工作，积累了一定的教学经验，觉得有必要写一本从易到难、循序渐进，既符合认知规律，又有方法论的教材。

本书以项目为驱动，将一个项目分解成多个任务，以任务描述的形式引入问题，围绕解决任务描述中引入的问题来展开。要解决问题，首先要具备一定的理论知识，这就是【必备知识】部分，知识本着够用的原则，精益求精，避免长篇大论。如有些相关的补充知识，在【知识链接】中阐述。介绍完要用到的相关知识点后，给出解决任务的【解题思路】，解题思路按照解决问题的步骤有条理地叙述。有了解题的思路后就可以编写程序代码，【任务透析】给出了源程序代码，部分任务还有【课堂提问】和【现场演练】环节。同时，每个项目后面还配有【思考练习】和【上机实训】并配有参考答案，上机实训中对实训目的、实训内容都有明确的要求，以加强学生对知识点的掌握和强化编程能力。采用这样层层紧扣的环节来完成每一个任务的学习，当学习完几个任务后，项目所要求掌握的知识点都掌握了，也就能完成一个综合性较强的小项目。

本书采用以项目为驱动、问题分解的方法，以达到简化复杂问题的目的，让初学者更易学习和掌握，相关联的几个任务完成后堆积成一个小项目，这种系统化的学习效果是比较理想的。同时，我们尽可能选择一些比较有代表性的任务，以提高同学们的学习兴趣。

本书共有 15 个项目，其中，项目一主要介绍 Java 开发平台的搭建；项目二、三是 Java 语言基础，主要介绍 Java 基本语法、程序基本结构以及数组和方法；项目四、五、六主要介绍面向对象三大特征——继承、多态、封装以及抽象类与接口的应用；项目七至项目十一是 Java 高级应用部分，主要有异常、Java I/O、图形用户界面编程、多线程和网络编程；项目十二、十三是类集与数据库编程，使用 JDBC 实现超市进销存管理；项目十四、十五介绍 API 帮助文档的使用和 MyEclipse 调试技巧。大多数教材并没有介绍 API 文档的使用和调试技巧，而事实上，掌握 API 帮助文档的使用和调试技巧对学生编程能力的提高是非常有帮助的，同时也能提高他们的自学能力和自我解决问题的能力。所谓"授之以鱼不如授之以渔"，在信息科技发展如此迅速的今天，软件的更新换代是非常快的，学习方法和自学能力尤为重要。

本书的重点是面向对象开发技术。软件开发人员除了要有良好的面向对象的程序设计思想，同时，还要养成规范的代码编写习惯，熟练掌握常用的编程工具，具有团队合作精神等。

本书由何受倩、曾昊任主编，陈方昕、陆晓东、邹月任副主编。其中：项目一、五、十、十一、十四由何受倩编写；项目二由黄静编写，项目三由邹月编写；项目四由陆晓东、韩娜、王丽艳编写；项目六、八、九由陈方昕编写；项目七、十三由曾昊编写；项目十二由严梅编写；项目十五由符志强、陆晓东和广州为学教育科技有限公司的黄勇工程师编写。本书的统稿定稿工作由钱英军、何受倩、谷灵康完成。

本书作为普通高等教育"十三五"规划教材，不仅适合作为高等院校、各类职业技术院校和各种 Java 技术培训班的教材，也适合没有任何编程经验的初学者使用。

致谢

在本书顺利出版之际，感谢我教过的所有学生，教他们学习 Java 的经历对于本书内容的选择和组织有很多帮助，感谢广东科贸职业学院信息工程系的孙继红、张雷、王磊、曾海峰老师提出的建议和给予的协助。另外，还要感谢广州光大教育软件科技有限公司的谭福民 Java 工程师，他对本书的撰写提了许多宝贵的意见。此外，本书还参考了许多作者的书籍和资料，在此一并表示深深的感谢。

意见反馈

尽管我们做了很大努力，但很难避免教材会有一些错漏，欢迎各界专家和读者朋友提出宝贵意见，我们将不胜感激。在阅读本书过程中，如发现任何问题或有不认同之处，欢迎与我们联系，联系邮箱：Lfbird 2000@126.com。

编　者
2016 年 5 月

目 录

Java 概述及开发环境搭建 ⫸

项目描述

下载并配置 JDK 开发工具，利用记事本编写第一个 Java 程序，程序运行输出 "Hello，Java!"。

项目分解

本项目可分解为以下几个任务：

- 认识 Java；
- Java 开发环境搭建；
- 编写并运行第一个 Java 程序；
- Java 与其他语言的比较。

任务一 认 识 Java

任务描述

了解 Java 的发展历史；理解 Java 语言的特点以及 Java 程序的运行机制和 Java 虚拟机。

必备知识

1. Java 的发展历史

Java 是 SUN 公司开发出来的一套编程语言，主设计者是 James Gosling。它最早来源于一个叫 Green 的项目，起初打算采用 C++ 进行开发，可是发现 C++ 不能胜任此项工作。由于 C++ 在内存管理是可直接访问地址的，会使系统出现一些问题，所以 SUN 公司的工程师在 C++ 的基础之上开发了一个新的平台，称为 Oak（Java 的前身）。然后，他们又对 Oak 进行了小规模的改造，就这样，Java 在 1995 年诞生了。

Java 的发展历程如下：

1996 年 1 月，第一个 JDK——JDK1.0 诞生。

1999 年 6 月，SUN 公司发布 Java 的三个版本：标准版（J2SE）、企业版（J2EE）和微型版（J2ME）。

J2SE：整个 Java 技术的核心和基础，它是 J2ME 和 J2EE 编程的基础，也是这本书主要介绍的内容。

J2EE：Java 技术中应用最广泛的部分，提供了企业应用开发的完整解决方案。

J2ME：主要用于控制移动设备和信息家电等邮箱存储的设备。

2002 年 2 月，SUN 公司发布了 JDK 历史上较为成熟的版本——JDK 1.4，此时由于 Compaq、Fujitsu、SAS、Symbian、IBM 等公司的参与，使 JDK 1.4 成为当时发展最快的一个 JDK 版本。到 JDK 1.4 为止，用户已经可以使用 Java 实现大多数的应用。

2004 年 10 月，SUN 公司发布了万众期待的 JDK 1.5，同时 SUN 将 JDK 1.5 改名为 Java SE 5.0，J2EE、J2ME 也相应地改名为 Java EE 和 Java ME。JDK 1.5 增加了诸如泛型、增强的 for 语句、可变形参、注释、自动拆箱和装箱等功能。同时，推出了 EJB 3.0 规范和 MVC 框架规范。

2005 年 6 月，JavaOne 大会召开，SUN 公司公开 Java SE 6。此时，Java 的各种版本已经更名，取消其中的数字"2"：J2EE 更名为 Java EE，J2SE 更名为 Java SE，J2ME 更名为 Java ME。

2006 年 12 月，SUN 公司发布 JRE 6.0。

2009 年 4 月 20 日，甲骨文 74 亿美元收购 SUN，取得 Java 的版权。

2011 年 7 月，甲骨文公司发布 Java 7 的正式版。

2. Java 语言的特点

Java 语言的流行在于 Java 语言本身的面向对象、简单、可移植性、安全性、多线程等特点。Java 语言的结构与编写方式与 C++语言很类似，因此学习 Java 语言，不仅要了解 Java 语言独有的编程特点，同时还要有程序设计基础和面向对象的概念。

（1）简单性。Java 语言与 C++类似，如果用户了解 C++和面向对象的概念，就可以很快编写出 Java 程序；此外，Java 摒弃了 C++中如头文件、指针变量、结构、运算符重载、多重继承等复杂特性，它只提供了基本的方法，减少了编程的复杂性。

（2）面向对象。所谓面向对象是指现实世界中任何实体都可以看作是对象，对象之间通过消息相互作用。传统的过程式编程语言是以过程为中心、以算法为驱动，而面向对象编程语言则是以对象为中心、以消息为驱动。过程式编程语言用公式表示为：程序=算法+数据；面向对象编程语言用公式表示为：程序=对象+消息。

面向对象的三个特征：封装、多态性和继承。现实世界中的对象均有属性和行为，属性表示对象的数据，行为表示对象的方法。

（3）可移植性。Java 严格规定了各种基本数据类型的长度。Java 语言经编译后生成与计算机硬件结构无关的字节代码，这些字节代码被定义为不依赖任何硬件平台和操作系统。Java 系统本身也具有很强的可移植性，Java 编译器是用 Java 实现的，Java 的运行环境是用 ANSI C 实现的。Java 程序经过一次编译后可移植到别的系统上解释执行，如 MS-DOS、Windows、UNIX 等任何平台上运行，具有很强的可移植性。

（4）Java 语言是解释型的。如前所述，Java 程序在 Java 平台上被编译为字节码格式，然后可以在实现这个 Java 平台的任何系统中运行。在运行时，Java 平台中的 Java 解释器对这些字节码进行解释执行，执行过程中需要的类在连接阶段被载入运行环境中。

（5）交互式特性。Java 是面向对象的网络编程语言，由于它支持 TCP/IP 协议，使得用户可以通过浏览器访问到 Internet 上的各种动态对象。Java 提供了一整套网络类库，开发人员可以利用类库进行网络程序设计，方便实现 Java 的分布式特性。

（6）多线程机制。Java 语言支持多线程机制，多线程机制使得 Java 程序能够并行处理多项任务。多线程机制可以很容易地实现网络上的交互式操作。C 和 C++ 采用单线程体系结构，而 Java 支持多个线程的同时执行，并提供多线程之间的同步机制。

（7）动态的内存管理机制。Java 语言采用了自动垃圾回收机制进行内存的管理。在 C++语言中，程序员在编写程序时要及时释放不用的内存单元，一旦内存管理不当，就可能会造成内存泄漏、程序运行故障问题。在 Java 系统中包括了一个自动垃圾回收程序，它可以自动、安全地回收不再使用的内存块。这样，编程人员就无须担心内存的管理问题，从而使 Java 程序的编写变得简单，同时也减少了内存管理方面出错的可能性。

（8）Java 是高性能的。与解释型的高级脚本语言相比，Java 的确是高性能的。事实上，Java 的运行速度随着 JIT（Just-In-Time）编译器技术的发展越来越接近于 C++。

（9）可靠性和安全性。由于 Java 主要用于网络应用程序开发，因此对安全性有较高的要求。Java 通过自己的安全机制防止了病毒程序的产生和下载程序对本地系统的威胁破坏。Java 虽然源于 C++，但它消除了许多 C++的不可靠因素，可以防止许多编程错误。首先，Java 是强类型的语言，要求用显式的方法声明，这保证了编译器可以发现方法调用错误，保证程序更加可靠；其次，Java 不支持指针，这杜绝了内存的非法访问；第三，Java 的自动单元收集防止了内存丢失等动态内存分配导致的问题；第四，Java 解释器运行时实施检查，可以发现数组和字符串访问的越界；最后，Java 提供了异常处理机制，程序员可以把一组错误代码放在一个地方，这样可以简化错误处理任务，便于恢复。

上述几种机制结合起来，使得 Java 成为安全的编程语言。

3．Java 程序的运行机制和 Java 虚拟机

（1）Java 程序的运行机制。Java 语言具有解释性语言和编译性语言的特征。编译性语言是指：使用专门的编译器，针对不同的平台将源码一次性翻译成该平台能够执行的机器码，此过程称为编译。编译型语言一次性翻译成机器码的好处是,程序可以脱离开发环境独立运行，运行效率高。但其缺点是因为被翻译成特定平台的机器码，所以无法移植到其他平台上；如果要移植需要在其他平台上重新编译。

解释型语言是指：使用专门的解释器，对源程序进行逐行解释成特定平台的机器码并立即执行的语言，不会进行整体性的编译和连接处理，每次执行时都要进行一次编译。其特点是移植性好，但程序执行效率低。

（2）Java 虚拟机（JVM）。在 Java 中的所有程序都是在 JVM（Java 虚拟机）上运行的。Java 虚拟机有其完善的硬件架构，如处理器、堆栈、寄存器等，还有相应的指令系统。JVM 屏蔽了与具体操作系统相关的信息，使得 Java 程序只需要产生在 Java 虚拟机上运行的目标代码（字节码），就可以在多种平台上不加修改地运行。Java 虚拟机在执行字节码时，实际上最终还是把字节码解释成具体平台上的指令执行。

从图 1.1 中可以得知，Java 程序并不是直接交由操作系统处理，而是经过一系列转换，最后经过 Java 虚拟机的解释器解释后再交由操作系统的。正是这一套机制使得 Java 程序可以不依赖操作系统，它有自己的处理机制，可以根据不同系统编译、解释出适合于特定系统的代码，从而实现了跨平台功能。

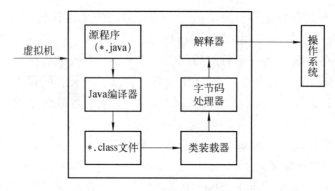

图 1.1　Java 虚拟机机制

任务二　Java 开发环境搭建

任务描述

搭建 Java 开发环境。

必备知识

1. Java 平台简介

根据应用领域不同，Java 提供了以下三个平台。

Java SE（Java Standard Edition），Java 的标准版，它允许开发和部署在桌面、服务器、嵌入式环境和实时环境中使用的 Java 应用程序，用于主应用程序和数据库开发。

Java EE（Java Enterprise Edition），Java 的企业版，它提供了企业开发的各种技术，主要用于企业级开发，现在用得最多的也就是这个平台。

Java ME（Java Micro Edition），Java 的微型版，这个版本主要用于嵌入式和移动平台的开发。

2. JDK 的安装与配置

（1）JDK 的安装。下面将要搭建 Java 的开发平台，这是学习 Java 语言的基础，只有搭建了 Java 的平台开发环境，才能调试和运行编写的 Java 程序。可以到甲骨文的官方网站（http://www.oracle.com/technetwork/java/javase/downloads/index.html）免费下载一个 JDK（Java Development Kit，Java 开发工具），选择适合所用操作系统的一款。例如：选择 jdk-7u7-windows-i586.exe 安装文件。下载完成后，按照安装向导安装就可以了。JDK 的安装向导如图 1.2 所示。

单击"下一步"按钮，按照对话框提示逐步安装，这里选择默认的安装路径，也可以更改 JDK 安装路径。系统一并安装 JRE，安装完成后，出现如图 1.3 所示的界面。

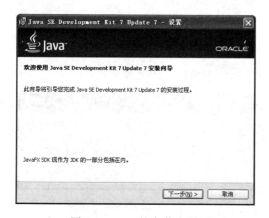

图 1.2　JDK 的安装向导

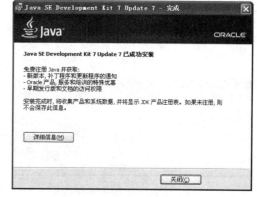

图 1.3　JDK 安装完成

在安装好 JDK 以后，配置系统环境变量前，在命令行窗口中输入"javac"，会出现"'javac' 不是内部或外部命令，也不是可运行程序或批处理文件"的提示，此时表示 javac 编译命令尚不可用。

（2）JDK 的配置。JDK 安装完成后，要在系统属性对话框中对环境变量进行配置。为了说明几个 JDK 环境变量的作用，这里先给出环境变量的定义。

环境变量一般是指在操作系统中用来指定操作系统运行环境的一些参数，比如临时文件夹位置和系统文件夹位置等。类似于 DOS 的默认路径，当运行某些程序时除了在当前文件夹中查找外，还会到设置的默认路径中去查找。

具体配置步骤如下：

① 右击"我的电脑"，选择"属性"命令，在弹出的"系统属性"对话框中选择"高级"选项卡，如图 1.4 所示，单击"环境变量"按钮，出现图 1.5 所示的"环境变量"对话框。单击"新建"按钮，新建一个名为 ClassPath 的系统变量，变量值输入".;C:\Program Files\Java\jdk1.7.0_07"，如图 1.6 所示。

② 在系统变量中，找到并编辑 Path 变量，在末尾添加路径";C:\Program Files\Java\jdk1.7.0_07\bin"，如图 1.7 所示。

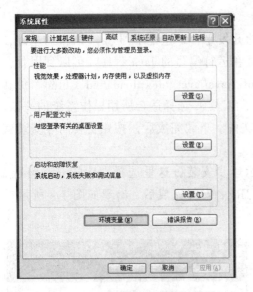

图 1.4　"系统属性"对话框

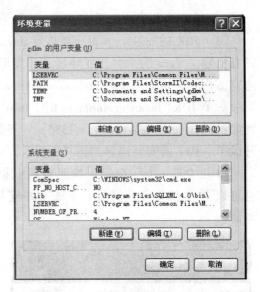

图 1.5　"环境变量"对话框

图 1.6　新建 ClassPath 系统变量

图 1.7　编辑 Path 系统变量

配置完 JDK 环境后，可以在命令行窗口中用 javac（回车）和 java（回车）命令来测试是否配置成功。若出现图 1.8 和图 1.9 所示界面，表示配置成功。若配置不成功，修正系统变量的内容后，需重新打开命令行窗口再测试。

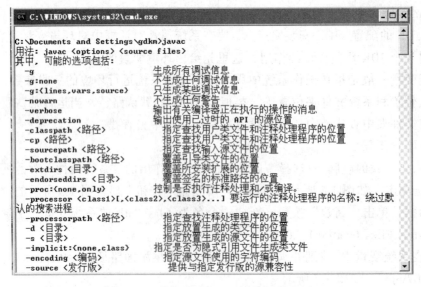

图 1.8　输入命令 javac 后的屏幕显示

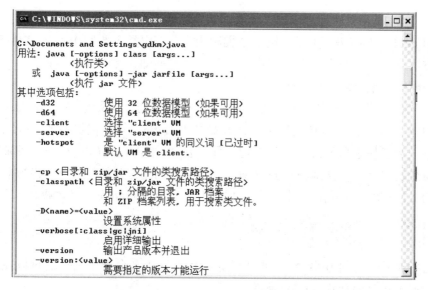

图 1.9 输入命令 java 后的屏幕显示

任务三 编写并运行第一个 Java 程序

任务描述

编写第一个 Java 程序,运行该程序,使得在控制台上输出信息"Hello! Welcome to Java!"

必备知识

1. 什么是 Java 源程序

所谓源程序是指程序员从键盘上输入的还没有经过编译、解释等处理的最原始的程序代码。例如,用 C 语言编写的源程序扩展名为.c,用 C++编写的源程序扩展名为.cpp,用 Java 语言编写的源程序扩展名为.java。

2. Java 中类的定义格式

Java 中类的定义格式:

```
class 类名 {
    类的属性;
    类的方法(){
    }
}
```

(1)在 Java 中,类是用关键字 class 定义的,class 后面是类名,类名是用户自定义的,只要满足一定的命名规则即可。

(2)类体是由类名后的一对{}花括号括起来的内容,类的两个组成部分是类的属性和类的方法,属性和方法可以有多个。属性用于描述类的静态特征,而方法用于描述类的动态特征。

（3）一个 Java 文件是可以由多个类组成的，但只能有一个 public 类，如果某一个类是用 public class 去声明的，则这个类称为主类，主类名要和 Java 源文件名一致，而且主方法 main( ) 只能定义在主类中。有关更多类的知识可参考项目四。

3. 如何编译和运行一个 Java 程序

（1）方法一：用记事本写 Java 源程序，利用命令行方式进行编译、运行 Java 程序。

我们将 Java 源代码写在记事本上，并命名为 Hello，同时把扩展名.txt 改成.java，然后保存。为了便于后面讲解，这里把它保存在 D 盘 jdemo（d:\jdemo）目录下。然后打开命令窗口，可以直接输入 cmd 命令，也可以利用 "开始" 菜单，将当前目录切换到 Hello.java 源文件所在的目录下。这里用 cd 命令进行切换，具体操作如下：

```
d: (Enter)
cd jdemo (Enter)
```

用盘符带冒号（如 D:命令），可以切换到 D 盘下；cd 命令带文件名可以在同盘下切换，切回上级目录使用 cd ..命令。

用 javac Hello.java 命令，对 Hello.java 源文件进行编译，如果没有语法错误，编译器（Compiler）将会生成一个扩展名为.class 的字节码文件（Hello.class）；如果编译时有语法错误，编译器会报错，当然也不会生成字节码文件。此时需要修改源代码，然后再重新编译，直到能通过编译。

用 java Hello 命令，执行 Hello 程序，并显示结果，输出 "Hello! Welcome to Java!"，如图 1.10 所示。

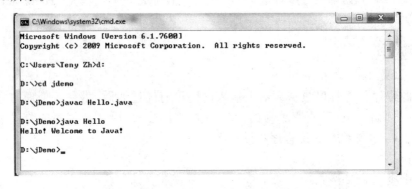

图 1.10　用 javac 命令编译和 java 命令运行 Hello 程序后的结果

（2）方法二：还可以用 Java IDE（Integreted Development Environment，集成开发环境）编写、编译并执行 Java 程序。

这里用的是 MyEclipse 8.5，IDE 便于用户开发和调试程序。创建 Java 程序的步骤如下：

① 选择工作空间。打开 MyEclipse 并将工作空间目录设为 D:\jdemo，如图 1.11 所示。工作空间是项目文件的存放目录。这里也可以使用默认的工作空间，此时项目文件存放在默认工作空间目录下。

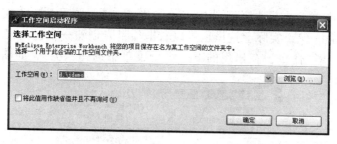

图 1.11　启动 MyEclipse 进入选择工作空间页面

② 创建 Java 项目。在 MyEclipse 主界面的“文件”菜单中选择“新建”命令，在弹出的下一级菜单中选择“Java 项目”，如图 1.12 所示。

图 1.12　利用“文件”菜单新建“Java 项目”

在弹出的“新建 Java 项目”对话框中，输入项目名 Hello，单击“完成”按钮，即创建了名为 Hello 的 Java 项目，如图 1.13 所示。

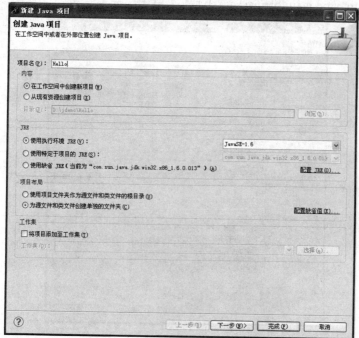

图 1.13　“新建 Java 项目”对话框

③ 创建 Java 类。在资源管理器中，单击 Hello 项目展开后，右击 src 包（src 是系统默认的 default 包，实际上这里也可以右击项目先创建一个包），在弹出的快捷菜单中，选择"新建"命令，在出现的下一级子菜单中选择"类"，如图 1.14 所示。

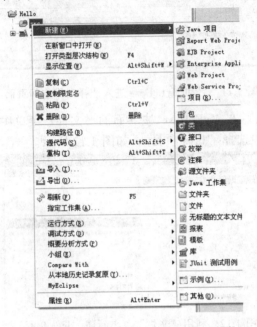

图 1.14 在默认的 src 包下新建一个类

在弹出的"新建 Java 类"对话框中，输入类名称 Hi，并在下方的多项选择框中，选中 public static void main(String[] args)选项，单击"完成"按钮，如图 1.15 所示。

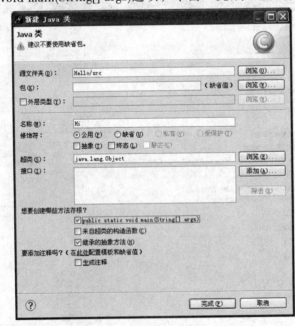

图 1.15 "新建 Java 类"对话框

④ 编辑 Java 源程序（类文件）。在建好的 Hi 类的 main()方法中，添加代码 System.out.println("Hello Java");，如图 1.16 所示。

```
public class Hi {

    /**
     * @param args
     */
    public static void main(String[] args) {
        // TODO Auto-generated method stub
        System.out.println("Hello Java");
    }

}
```

图 1.16　编辑 Java 源程序（类文件）

⑤ 运行 Java 程序。编辑好源文件后，在代码屏幕空白处右击，在弹出的快捷菜单中选择"运行方式"→"Java 应用程序"命令，如图 1.17 所示。

在图 1.18 的"保存并启动"对话框中（默认选中当前的应用程序 Hi.java），单击"确定"按钮，运行结果如图 1.19 所示。

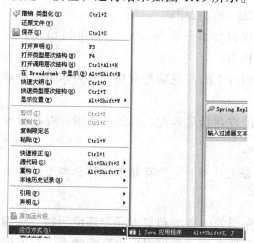

图 1.17　利用快捷菜单运行 Java 应用程序

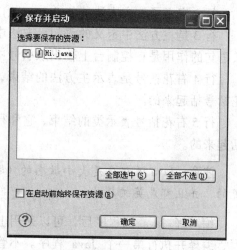

图 1.18　"保存并启动"对话框

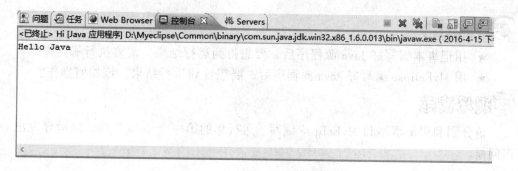

图 1.19　Hi.java 的运行结果

解题思路

（1）用关键字 public class 定义一个 Hello 类。

（2）在 Hello 类中添加一个主方法 main(),主方法的定义为 public static void main(String args[])。

（3）在 main()方法中，添加一条语句。

任务透析

```
//任务源代码: Hello.java
1    public class Hello{
2        public static void main(String args[]){
3            System.out.println("Hello,Welcome to Java!");
4        }
5    }
```

在以上程序段中：行 1 定义了一个名为 Hello 的公共类（class），每个 Java 程序至少包含有一个公共类。按 Java 语言规范，组成类名单词首字母应大写。

行 2 定义了一主方法 main()。main()方法是 Java 程序的入口。

行 3 是主方法中定义的语句，方法中仅仅包含了一条 System.out.println 语句，这条语句的作用是在控制台上输出双引号中的内容。

行 4 右花括号是表示主方法的结束，它和行 2 的左花括号对应，方法体是用一对花括号括起来的。

行 5 右花括号表示类的结束，它和行 1 的左花括号匹配，类体也是用一对花括号括起来的。

注意：Java 源程序是大小敏感的（即区分大小写），所有括号、引号都是成对出现的，并且都是英文符号。

编写好 Java 源程序后，可以采用上面介绍的记事本和集成开发环境两种方法编写、编译并执行第一个 Java 程序。不管用哪种方式，如果程序中存在错误，是不能得到运行结果的，必须要将程序的错误改正后，最后才能得到程序的运行结果。

课堂提问

★ 用记事本编写好 Java 源程序后，要想得到运行结果，需要执行哪些操作？

★ 用 MyEclipse 编写好 Java 源程序后，要想看到运行结果，该如何操作？

现场演练

请分别利用记事本和 MyEclipse 编写、运行你的第一个 Java 程序，向世界发出一声问候。

任务四 Java 与其他语言的比较

任务描述

Java 和其他语言相比，有哪些优势？在此，将用 C#和 PHP 来与 Java 进行比较。

必备知识

1. Java 与 C#比较

C#与 Java 有很多相似之处，不但在语法、语言特征上相似，运用方面也很相似，都能用于 B/S 和 C/S（桌面应用程序和分布式网络的开发）结构程序的开发。只是 Java 是在 C++的基础上建立的，而 C#是在 Java 的基础上发展而来的。

C#是微软在 2000 年推出的一种从 Java 发展而来的新编程语言，所以 C#跟 Java 非常相似。可以说 C#的推出，是为对抵 Java 平台的。C#跟微软的其他产品一样，都具有比较易学、易架构、仅限于 Windows 平台、安全性较低等特点，但 C#是不开源的。

2. Java 与 PHP 比较

PHP 是一种脚本语言，简洁、高效，随着 4.0 的发布，越来越多的人使用它来进行动态网站的开发。对于那些需要快速、高效地开发中小规模的商业应用网站的开发人员，PHP 是首选。PHP 是一种弱语言，但随着 PHP 5.0+的出现，PHP 也开始具有面向对象功能。

Java 效率比 PHP 要高，两者都是开源的，两者都可以跨平台，但 PHP 只能开发 B/S 程序，Java 则可开发 B/S 和 C/S 程序。相对而言，PHP 比较难学、不容易架构、开发周期长；但用 Java 开发的软件可扩展性好，可维护性强。

思 考 练 习

一、选择题

1. 下列关于 Java 的描述不正确的是（   ）。
   - A. Java 是一种面向对象的程序设计语言
   - B. Java 是一种面向过程的程序设计语言
   - C. Java 内置对多线程的支持
   - D. Java 语言具有跨平台特性

2. 以下关于类的描述正确的是（   ）。
   - A. 类是 Java 程序的基本组成单位
   - B. Java 的类名必须和 Java 的源文件名相同
   - C. main()方法可以定义在任何类中
   - D. Java 中类是可以嵌套的

3. 关于 class 和 public class 错误的说法（　　　）。

    A. 同一个 Java 文件中可以包括多个 class 类

    B. 同一个 Java 文件中可以包括多个 public class 类

    C. 用 public class 定义的类称为主类

    D. 主方法 main() 只能放在 public class 类中

二、填空题

1. Java 语言与 C 语言最大不同之处 _____。

2. 面向对象程序的三个特征是_____、_____、_____。

3. 使用_____命令将一个 *.java 文件编译成 *.class 文件。

4. Java 程序的入口方法是_____。

5. 类体指的是用_____括起来的部分。

上机实训（一）

一、实训题目

配置开发环境，熟悉 Java 程序的运行步骤。

二、实训目的

1. 下载 JDK 并安装和设置环境参数。

2. 利用命令行方式运行一个 Java 源程序。

3. 理解 Java 源程序的编译和执行过程。

三、实训内容

实训 1

1. 利用记事本编写 Java 源程序，源文件名：主类名为 Example.java。

2. 利用编译器（javac）将源程序编译成字节码：类文件名.class。例如：javac Example.java。

若程序存在错误，编译时会提示，请按照提示修改。程序没有错误时，通过编译产生字节码文件:Example.class。

3. 利用虚拟机（解释器，java）运行：java 类文件名。如：java　Example。

实训 2

编写并运行一个 Java 程序，使其输出：I like Java very much。

实训 3

已知圆半径 r=3.0，求圆周长及面积，并输出。

四、实训报告要求

1. 源程序代码。

2. 测试数据和结果。

3. 实验心得与体会。

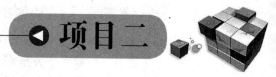

Java 语言编程基础 <<<

项目二

项目描述

常用的编程元素——常量与变量；数据分类法——数据类型；编程部件——运算符、表达式与语句；程序执行方向——程序控制结构。

项目分解

本项目可分解为以下几个任务：

- 数据类型与常量、变量；
- 运算符和表达式与语句；
- 程序控制结构。

任务一 数据类型与常量、变量

任务描述

声明两个整型变量 x 和 y，分别赋予它们初始值 5 和 8，求两数之和，并输出结果。

必备知识

1. 认识标识符

在程序设计语言中，用来标识成分（如类、对象、变量、常量、方法和参数名称等）存在与唯一性的名字，称为标识符。简单地说，标识符就是一个名字。

Java 对标识符定义的规定：

（1）标识符可以由字母、数字、下画线（_）；或美元符号（$）组成。

（2）标识符必须以字母、下画线（_）；或美元符号（$）开头。

（3）标识符长度不限，但在实际中不宜过长。

（4）标识符区分大小写，例如：Myworld 与 myworld 是不同的。

（5）标识符不能与关键字（保留字）同名。

下面是合法的标识符

```
myname    my_name    _myname    $myname    $2    a_no    boy_num
```

下面是不合法的标识符

class(关键字)	6xy(首字符不能为数字)	xyz@(含有非法字符)

在 Java 程序设计中，对标识符通常还有以下约定：

（1）变量名、对象名、方法名、包名等标识符全部采用小写字母；如果标识符由多个单词构成，则首字母小写，其后单词的首字母大写，其余字母小写，如 getName。

（2）类名首字母大写。

（3）常量名全部字母大写。

2. 认识关键字

和其他语言一样，Java 中也有许多关键字，这些关键字不能当作标识符使用，因为在程序设计中，该部分标识符已经被使用或者被赋予特定意义。Java 中的关键字，如表 2.1 所示。

表 2.1　Java 关键字

abstract	assert	boolean	break	byte	case	catch
char	class	continue	default	do	double	else
enum	extends	false	final	finally	float	for
if	implements	import	instanceof	int	interface	long
native	new	null	package	private	protected	public
return	short	static	strictfp	super	switch	
synchronized	this	throw	throws	transient	ture	try
void	volatile	while				

3. 认识数据类型

Java 的数据类型可以分为两大类：基本数据类型与引用数据类型。其中，基本数据类型包括整型、浮点型、字符型和布尔值型；引用数据类型包括类、接口和数组，如图 2.1 所示。

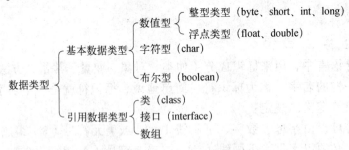

图 2.1　Java 的数据类型

4. 认识常量

常量是指在程序运行过程中其值始终保持不变的量。常量共包含以下六类：

（1）整型常量。整型常量包括四种类型：int、long、short、byte，取值范围如表 2.2 所示。

表 2.2 Java 整型数据的取值范围

数 据 类 型	所 占 字 节	表 示 范 围
int(整型)	4	−2 147 483 648~2 147 483 647
long(长整型)	8	−9 223 372 036 854 775 808~9 223 372 036 854 775 807
short(短整型)	2	−32 768~32 767
byte(位)	1	−128~127

整型的数据可使用十进制、八进制（首位为 0）和十六进制（首位为 0x）表示。例如：

```
8            表示十进制数 8
075          表示八进制数 75(也就是十进制数 61)
0x9ABC       表示十六进制数 9ABC （也就是十进制数 39612）
```

整型默认为 int 类型，如在其后有一个字母"L"表示一个 long 值（也可以用小写"l"）。由于小写"l"与数字"1"容易混淆，因而，建议大家采用大写"L"。

上面所说的整数 long 的形式如下：

```
8L           表示十进制数 8，是一个 long 值
075L         表示八进制数 75，是一个 long 值
0x9ABCL      表示十六进制数 9ABC，是一个 long 值
```

（2）浮点型常量。为了提高计算的准确度，由此引入了浮点型数据。浮点型数据包括两种：单精度和双精度，取值范围如表 2.3 所示。

表 2.3 浮点型数据的取值范围

数 据 类 型	所 占 字 节	表 示 范 围
float(单精度)	4	-3.4×10^{38}~3.4×10^{38}
double(双精度)	8	-1.7×10^{308}~1.7×10^{308}

如果不明确指明浮点数的类型，浮点数默认为 double。例如：

```
3.141592        (double 型浮点数)
2.08E25         (double 型浮点数)
6.56f           (float 型浮点数)
```

在两种类型的浮点数中，double 类型的浮点数具有更高的精度。

（3）字符型常量。字符型常量是由一对单引号包含起来的单个字符。例如：'a' 和 '2'。

Java 中的字符型数据是 16 位无符号型数据，它表示 Unicode 集，而不仅仅是 ASCII 集。

与 C 语言类似，Java 也提供转义字符，以反斜杠(\)开头，将其后的字符转变为另外的含义，如表 2.4 所示。

表 2.4　Java 中的转义字符

转义字符	含　义	转义字符	含　义
\n	换行	\'	单引号
\t	垂直制表符	\"	双引号
\b	退格	\ddd	八进制数
\r	回车	\xdd	十六进制数
\f	走纸换页	\uddd	泛代码字符
\\	反斜杠		

（4）字符串常量。字符串型常量是由一对双引号括起来的，0 个或多个字符组成的一个字符序列，如"stu"。

（5）布尔型常量。布尔型常量只能取值为 true 和 false，其中 true 表示逻辑真，false 表示逻辑假。

（6）null 常量。null 常量只有一个值，用 null 表示，表示为空。

5．认识变量

（1）变量的命名规则。变量也是一种标识符，所以它也遵循标识符的命名规则。

（2）声明变量。变量声明格式为：

```
类型名　变量名[ =常量 ];
```

说明

① 类型名可以是任意的基本数据类型或引用数据类型，如 int、long、float、double 等。

② 变量名取名时最好符合"见名知意"的原则。例如：int age。

③ 声明一个变量，系统必须为变量分配内存单元。分配的内存单元大小由类型标识符决定。

④ 如果声明中包含"=常量"部分，常量的数据类型必须与类型标识符的类型相匹配，系统将此常量的值赋予变量，作为变量的初始值；否则变量没有初始值。

⑤ 可以同时声明同一数据类型的多个变量，各变量之间用逗号分隔。

例如：　int x;

　　　　int y;

等价于：

　　　　int x,y;

示例 1：声明整型变量。

```
public class Example1 {
        public static void main(String[] args) {
        int a=016;                //声明 int 型变量 a，并赋予它初值为八进制数 16
        int b=3;
        int c=0x15;
        long y=123456L;
```

```
        System.out.println("a="+a);     //输出 a 的值
        System.out.println("b="+b);
        System.out.println("c="+c);
        System.out.println("y="+y);
}}
```

【运行结果】

```
a=14
b=3
c=21
y=123456
```

示例分析：在本例中，声明了 int 类型变量 a、b 和 c，并分别赋予它们的初始值是八进制数 16，十进制数 3，十六进制数 15；接着声明 long 类型变量 y，赋予它初始值 123456L。调用 println()方法在屏幕上显示 4 个变量的值。

在程序编写的过程中，可以为变量重新赋值，也可以使用已经声明过的变量。本例中分别声明了 int 类型变量 a、b 和 c，更简洁的写法是同时声明，语句如下：

```
 int a=016, b=3, c=21;
```

示例 2：声明单精度和双精度类型变量。

```
public class Example2 {
public static void main(String[] args) {
        float a=34.45f;              //声明 float 型变量 a,并赋予它初值为 34.45
        double b=3.56e18;
        System.out.println("a="+a);      //输出 a 的值
        System.out.println("b="+b);
    }
}
```

【运行结果】

```
a=34.45
b=3.56E18
```

示例分析：在本例中，声明了 float 类型变量 a 和 double 类型变量 b，并分别赋予它们的初始值是 35.45 和 3.56e18，调用 println()方法在屏幕上显示两个变量的值。

示例 3：声明字符类型变量。

```
public class Example3 {
    public static void main(String[] args) {
        char ch1='A',ch2='d';
        System.out.println("ch1="+ch1);
        System.out.println("ch2="+ch2);
    }
}
```

【运行结果】

```
ch1=A
ch2=d
```

示例分析：在本例中，声明了 char 类型（即字符类型）变量 ch1 和 ch2，并分别给它们赋予初始值'A'和'd'，调用 println()方法在屏幕上显示两个变量的值。

示例 4：声明字符串类型变量。

```java
public class Example4 {
    public static void main(String[] args) {
        String str1="Hello";
        String str2="123";
        System.out.println("str1="+str1);
        System.out.println("str2="+str2);
    }
}
```

【运行结果】

```
str1=Hello
str2=123
```

示例分析：

在本例中，声明了 String 类型（即字符串类型）变量 str1 和 str2，并分别给它们赋予初始值 "Hello" 和 "123"，调用 println()方法在屏幕上显示两个变量的值。

示例 5：声明布尔类型变量。

```java
public class Example5 {
    public static void main(String[] args) {
        boolean ins1=true;
        boolean ins2=false;
        System.out.println("ins1="+ins1);
        System.out.println("ins2="+ins2);
    }
}
```

【运行结果】

```
ins1=true
ins2=false
```

示例分析：在本例中，声明了 boolean 类型变量 ins1 和 ins2，并分别给它们初始值 true 和 false，调用 println()方法在屏幕上显示两个变量的值。

（3）变量的作用域。变量是有作用范围的，一旦超出它的范围，就无法再使用这个变量。

按作用范围进行划分，变量分为成员变量和局部变量。

① 成员变量。在类体中定义的变量为成员变量。它的作用范围为整个类，也就是说在这个类中都可以访问到定义的这个成员变量。

示例 6：成员变量的作用范围。

```java
public class Example6 {
    static int x=10;                              //定义成员变量 x
    public static void main(String[] args) {
        System.out.println("成员变量 x 的值为:"+x);
```

```
        }
    }
```

【运行结果】

成员变量 x 的值为:10

示例分析：在本例中定义了一个成员变量 x，它的作用域范围是从定义点开始到类结束，因此类里边的 main()方法可以访问 x。

② 局部变量。Java 可以在程序的任何地方声明变量，当然也可以在循环里声明。有趣的是，在循环里声明的变量只是局部变量，只要跳出循环，这个变量便不能再使用。

示例 7：局部变量的作用范围。

```
01 public class Example7 {
02     public static void main(String[] args) {
03         int sum=0;                              //声明变量 sum
04         //下面是 for 循环的使用，计算 1-5 的数字累加之和
05         for(int i=1;i<=5;i++)                   //for 循环开始
06         {
07             sum=sum+i;
08             System.out.println("i="+i+",sum="+sum);
09         }                                       //for 循环结束
10     }
11 }
```

【运行结果】

```
i=1,sum=1
i=2,sum=3
i=3,sum=6
i=4,sum=10
i=5,sum=15
```

示例分析：把变量 i 声明在 for 循环里，因此变量 i 在此就是局部变量，它的有效范围仅在 for 循环开始和结束之间(即 5~9 行)，只要一离开这个范围，变量 i 便无法使用。相对而言，变量 sum 是声明在 main()方法的开始处，因此它的有效范围为 03~09 行。当然，for 循环内也属于变量 sum 的有效范围。

解题思路

（1）分析确定要使用多少个变量，声明两个 int 型的变量。

（2）分别赋予它们初始值。

（3）再声明一个 int 型的变量，用于存放两数之和。在声明求和的变量时，一般要将其初始值设为 0。

（4）调用 println()方法在屏幕上显示所求的和。

任务透析

//任务源代码：ClassDemo1Test.java

```
public class ClassDemo1Test {
    public static void main(String[] args) {
        int x=5;
        int y=8;
        int sum=0;
        sum=x+y;
        System.out.println("sum="+sum);
    }
}
```

【运行结果】

```
sum=13
```

现场演练

有三门课程成绩，通过使用"声明变量"和"赋予初始值"的知识，完成求三门课程的平均分，并输出所求的平均分。

知识链接

数据类型的转换

Java 有严格的数据类型限制。在特殊情况下需要进行数据类型转换时，必须按照规定进行。数据类型的转换方式可分为自动类型转换和强制类型转换两种。

1. 自动类型转换

在程序中已经定义好了数据类型的变量，若想用另一种数据类型表示，Java 会在下列条件均成立时，自动进行数据类型的转换。

（1）转换前的数据类型与转换后的类型兼容。

（2）转换后的数据类型表示范围比转换前的类型大。

（3）字符与整数是可使用自动转换的，整数与浮点数亦是兼容的，但是由于 boolean 类型只能存放 true 或 false 值，与整数及字符不兼容，因此不可进行类型的转换。

示例 8：声明一个整型变量，一个浮点型变量。

```
public class Example8 {
    public static void main(String[] args) {
        int a=155;
        float b=25.6f;
        System.out.println("a/b="+(a/b)); //在这里整型会自动转换为浮点型
    }
}
```

【运行结果】

```
a/b=6.0546875
```

示例分析：

从运行的结果可以看出，当两个数中有一个为浮点数时，其运算的结果会直接转换为浮点数。当表达式中变量的类型不同时，Java 会自动将较小的表示范围转换成较大的表示范围后，再作运算。也就是说，假设有一个整数和双精度浮点数作运算，Java

会把整数转换成双精度浮点数后再作运算，运算结果也会变成双精度浮点数。

2．强制类型转换

当两种类型彼此不兼容，或者目标类型的取值范围小于源类型时，就必须进行强制类型转换。其语法如下：

（转换的数据类型）变量名；

示例 9：强制类型转换。

```
public class Example9 {
    public static void main(String[] args) {
        int x,y;                    //定义 int 型变量 x,y
        char ch1='a',ch2='b';       //定义 char 型变量 ch1,ch2
        float z=22.11f;             //定义 float 型变量 z
        x=(int)z;                   //将 float 型变量 z 强制转换成 int 型
        y=(int)ch1+(int)ch2;        //将 char 型变量 ch1,ch2 同时强制转换成 int 型,
                                    //再相加
        System.out.println("x="+x);
        System.out.println("y="+y);
    }
}
```

【运行结果】

```
x=22
y=195
```

示例分析：只要在变量前面加上欲转换的数据类型，运行时就会自动将此行语句中的变量做类型转换处理，但这并不影响原先所定义的数据类型。

任务二　运算符、表达式与语句

任务描述

（1）已知 a=13，b=4，求 a/b，（float）a/b，a%b，((a>10)&&(b<5))的值；（2）已知 i=3，j=3，求 x=i++，i，y=++j，j 的值；（3）计算 12+5>3‖12−5<7 表达式的值。求结果，并按给定的变量和初始值编写程序验证结果。

必备知识

1．运算符

什么是运算符？运算符是对 1 个、2 个或 3 个参数完成一项函数功能。

运算符按参数的数量划分为：一元运算符、二元运算符和三元运算符。

（1）一元运算符又分为前缀符号和后缀符号。

前缀符号的运算符在运算数之前，如"++a"。

后缀符号的运算符在运算数之后，如"a++"。

（2）二元运算符，就是运算符在两个运算数之间，如"a+b"。

（3）三元运算符只有一个："op1 ? op2:op3"，它相当于一个简化的条件选择语句。

运算符按功能划分为：赋值运算符、算术运算符、关系运算符、递增与递减运算符、逻辑运算符、位运算符和条件运算符等。

（1）赋值运算符。赋值运算符是"="，通过一个示例来讲解赋值运算符的用法。

示例 10： 在程序中用"="赋值。

```
public class Example10 {
    public static void main(String[] args) {
        int num=10;                          //声明整型变量 num，并赋值为 22
        System.out.println("第一次赋值后，num="+num);
        num=num-8;
        System.out.println("改变之后的值,num="+num);
    }
}
```

【运行结果】

```
第一次赋值后，num=10
改变之后的值,num=2
```

（2）算术运算符。算术运算符在数学上经常会用到，表 2.5 列出了它的成员。

表 2.5　算术运算符

类　　别	运 算 符	用　　例	功　　能
双目运算符	+	a+b	求 a 与 b 之和
	-	a-b	求 a 与 b 之差
	*	a*b	求 a 与 b 之积
	/	a/b	求 a 与 b 之商
	%	a%b	求 a 与 b 相除的余数

使用算术运算时注意：

① 算术运算符都支持浮点数和整数运算。

② 如果两个运算数是相同类型的，则运算的结果也是同样类型。

③ 如果两个运算数类型不同，Java 会先将数值转换为较精确的类型，再进行计算，结果也是较精确的类型。

④ 数据类型精度的次序： byte<short<int<long<float<double。

例如：

```
20+3                    //结果是 23
6*5                     //结果是 30
9/4                     //结果是 2
9/4.0                   //结果是 2.25
9%4                     //结果是 1
9%4.0                   //结果是 1.0
-9%5                    //结果是-4
```

（3）关系运算符。比较两个值是否满足某种关系。如果满足，则返回"true"(真)，否则返回"false"(假)。关系运算符都是二元运算符，如表 2.6 所示。

表 2.6　关系运算符

运　算　符	用　法	功　能
>	a>b	如果 a>b 成立，结果为 true;否则为 false
>=	a>=b	如果 a>=b 成立，结果为 true;否则为 false
<	a<b	如果 a<b 成立，结果为 true;否则为 false
<=	a<=b	如果 a<=b 成立，结果为 true;否则为 false
==	a==b	如果 a=b 成立，结果为 true;否则为 false
!=	a!=b	如果 a≠b 成立，结果为 true;否则为 false

注意

"="代表给变量赋值，而用"=="代表相等，这与传统的习惯不同，初学者往往习惯性地用"="表示相等，从而出现"if (a = b) {...}"的错误。

例如：

```
12.5>9.5                    //结果是 true
25!=25                      //结果是 false
3==3                        //结果是 true
'T'<'a'                     //结果是 true
```

（4）递增与递减运算符。递增与递减运算符在 C/C++ 中就已经存在了，Java 仍然将它们保留了下来，这是因为它们具有相当大的便利性。表 2.7 列出了递增与递减运算符的成员。

表 2.7　递增与递减运算符的成员

递增与递减运算符	意义
++	递增，变量值加 1
--	递减，变量值减 1

例如：

```
int m=5,n=5,x,y;
x=m++;                      //结果 x=5,m 等于 6
y=++n;                      //结果 y=6,n 等于 6
```

（5）逻辑运算符。逻辑运算符是对布尔类型操作数进行的与、或、非、异或等运算，运算结果仍然是布尔类型值。具体运算符如表 2.8 所示。

表 2.8　逻辑运算符真值表

a	b	!a	a&b(或 a&&b)	a|b(或 a||b)	a^b
false	false	true	false	false	false
false	true	true	false	true	true
true	false	false	false	true	true
true	true	false	true	true	false

　　从表 2.8 中可以看出，在条件中，真（true）的非为假（false），假（false）的非为真（true）；只要有一个条件为假（false），相与的结果就是假（false）；相反，只要有一个条件为真（true），相或的结果就是假（true）；当条件同时为真（true）或同时为假（false）时，相异或为假（false）。

　　例如：

```
!true                    //结果是 false
false & true             //结果是 false
true | false             //结果是 true
```

逻辑运算用于判断组合条件是否满足，例如：

```
(age>8)&&(age<60)        //判断 age 的值是否在 8~60 之间
(ch=='a')||(ch=='A')     //判断 ch 的值是否为字母'a'或'A'，不区分大小写
```

　　在判断组合条件时，经常使用"&&"和"||"，因为它们具有短路计算功能，而"&"和"|"则没有该功能。所谓短路计算功能是指在组合条件中，从左向右依次判断条件是否满足，一旦能够确定结果，就立即终止计算，不再进行右边剩余的计算操作。例如：

```
false && (b>c)           //结果是 false
(3>2)|| (b<c)            //结果是 true
```

　　由于 false 参与"&&"计算，结果必然是 false，就不必计算(b>c)的值。同理，(3>2)的值是 true，它参与"||"运算，结果必然是 true，就不必计算(b<c)的值，立即结束运算，提高效率。

　　（6）位运算符。位运算是对整数类型的操作数按二进制的位进行运算，运算结果仍然是整数类型值。在 Java 语言中位运算的操作数只能为整型和字符型数据。具体运算符如表 2.9 所示。

表 2.9　位　运　算　符

运算符	用例	功能
~	~a	将 a 逐位取反
&	a&b	a、b 逐位进行与操作
|	a|b	a、b 逐位进行或操作
^	a^b	a、b 逐位进行异或操作
<<	a<<b	a 向左移动 b 位
>>	a>>b	a 向右移动 b 位
>>>	a>>>b	a 向右移动 b 位，移动后的空位用 0 填充

　　位运算符的使用方法及功能如表 2.10 所示。

表 2.10　位运算符真值表

a	b	~ a	a&b	a|b	a^b
0	0	1	0	0	0
0	1	1	0	1	1
1	0	0	0	1	1
1	1	0	1	1	0

例如：x1=132，x2=204；计算 ~ x1 和 x1^x2 的值。

① 将整数转换为二进制数：x1=10000100， x2=11001100。

② 对 x1 按位进行取反操作。

③ 对 x1 和 x2 按位进行异或操作。

```
      10000100                    10000100
~                         ∧  11001100
      ─────────                   ─────────
      01111011                    01001000
```

④ 所得结果：~ x1=123，x1^x2=72。

（7）条件运算符。条件运算符格式为：表达式 1?表达式 2:表达式 3。

其中："?"称为条件运算符；它是三目运算符，3 个操作数参与运算。

功能：如果"表达式 1"的值是 true，"表达式 2"的值是最终表达式的值；如果"表达式 1"的值是 false，"表达式 3"的值是最终表达式的值。

例如：

```
int min,x=5,y=19;
min=(x<y)?x:y;          //(x<y)=(5<19)的值是 true,取 x 的值,即 min=x=5;
```

2. 运算符的优先级

当表达式中有多个运算符参与运算时，必须为每种运算符规定一个优先级，以决定运算符在表达式中的运算次序。优先级高的先运算，优先级低的后运算，优先级相同的由结合性确定其计算次序。运算符的优先级及结合性如表 2.11 所示。

表 2.11　运算符的优先级及结合性

运　算　符	描　　述	优　先　级	结　合　性
.　[ ]　( )	域，数组，括号	1	从左至右
!　+(正号)　-(负号)	一元运算符	2	从右至左
~	位逻辑运算符	2	从右至左
++　--	递增与递减运算符	2	从右至左
*　/　%	算术运算符	3	从左至右
+　-	算术运算符	4	从左至右

续表

运　算　符	描　　述	优 先 级	结 合 性
<<　>>　>>>	位运算符	5	从左至右
<　<=　>　>=	关系运算符	6	从左至右
==　!=	关系运算符	7	从左至右
&（按位与）	位逻辑运算符	8	从左至右
^（按位异或）	位逻辑运算符	9	从左至右
｜（按位或）	位逻辑运算符	10	从左至右
&&（逻辑与）	逻辑运算符	11	从左至右
‖（逻辑或）	逻辑运算符	12	从左至右
?:	条件运算符	13	从右至左
=	赋值运算符	14	从右至左

3. 表达式

表达式是由常量、变量或是其他操作数与运算符所组合而成的语句。

例如：下面均是正确的表达式。

```
-49                    //表达式由一元运算符"-"与常量49组成
sum+2                  //表达式由变量 sum、算术运算符"+"与常量2所组成
a+b-c/(d*3)            //表达式由变量、常量与运算符所组成
```

4. 语句

在学会使用运算符和表达式后，就可以写出最基本的 Java 程序语句。

语句用来向计算机系统发出操作指令。程序由一系列语句组成。

Java 语言中的语句主要分为以下几类：

（1）表达式语句。Java 语言中最常见的语句是表达式语句，其形式如下：

```
表达式;
```

例如：

```
a+b
```

是一个表达式，在其后加一个分号就形成了表达式语句：

```
a+b;
```

（2）空语句。空语句只有分号，没有内容，不执行任何操作。设计空语句是为了语法需要。例如，循环语句的循环体中如果仅有一条空语句，表示执行空循环。例如：

```
for(int i=0;;i++){}
```

（3）复合语句。复合语句是用花括号"{}"将多条语句括起来。例如：

```
{
    x=a+b;
    y=x/10;
}
```

当程序中某个位置在语法上只允许一条语句，而实际上要执行多条语句才能完成某个操作时，需要将这些语句组合成一条复合语句。

（4）声明语句。在前面已经多次用到了声明语句。其格式一般如下：

```
<声明数据类型> <变量1>...<变量n>;
例如:
int a;
float x;
char ch1;
```

（5）赋值语句。除了可以在声明语句中为变量赋初值，还可以在程序中使用赋值语句为变量重新赋值。例如：

```
int r=10;            //声明语句，声明变量r，并同时赋初值10
r=25;               //赋值语句，为变量r重新赋值25
```

（6）控制语句。控制语句完成一定的控制功能，包括选择语句、循环语句和转移语句。

解题思路

（1）声明变量。
（2）给变量赋初值。
（3）按要求计算。
（4）调用 println()方法在屏幕上显示所求的值。

任务透析

```
//任务源代码: ClassDemo2Test.java
  public class ClassDemo2Test {
    public static void main(String[] args) {
      /*(1)已知 a=13,b=4,
       * 求 a/b,(float)a/b,a% b,((a>10)&&(b<5))的值。
       */
01    int a=13,b=4;
02    System.out.println(" (1) 的结果为: ");
03    System.out.println("a/b="+(a/b));
04    System.out.println("(float)a/b="+(float)(a/b));
05    System.out.println("a%b="+(a%b));
06    System.out.println("((a>10)&&(b<5))="+((a>10)&&(b<5)));
      /*(2)已知 i=3,j=3,
       *求 x=i++,i,y=++j,j 的值。
       */
07    int i=3,j=3,x,y;
08    x=i++;
09    y=++j;
10    System.out.println(" (2) 的结果为: ");
11    System.out.println("x="+x+",i="+i);
12    System.out.println("y="+y+",j="+j);
      /*
       * 计算 12+5>3||12-5<7表达式的值
```

```
       */
13     System.out.println("（3）的结果为: ");
14     System.out.println(12+5>3||12-5<7);
   }
}
```

【运行结果】

```
(1)的结果为:
a/b=3
(float)a/b=3.0
a%b=1
((a>10)&&(b<5))=true
(2)的结果为:
x=3,i=4
y=4,j=4
(3)的结果为:
true
```

说明

① 第 03 行与 04 行，程序分别做出了不同的输出。在第 03 行，因为 a、b 皆为整型，输出结果也会是整型，程序运算结果与实际的值不同。在第 04 行，为了保证程序运算结果与实际的值相同，使用了强制性的类型转换，即将整数类型（int）转换成浮点类型（float），程序运行的结果才不会有问题。

第 06 行中，a=13，即(a>10)=(13>10)是真（true）；b=4，即(b<5)=(4<5)是真（true），所以，((a>10)&&(b<5))计算后为 true&&true，结果为 true。

② 第 08 行中，x=i++，要做 2 步工作。第 1 步是：i++，i 在运算符++前（即先用 i 的值），这时先将 i 的值赋值给 x，即 x=i=3；第 2 步是：后加，然后 i 的值自加 1，即 i=3+1=4。

第 09 行中，y=++j，也要做 2 步工作。第 1 步是：++j，j 在运算符++后（即先加 j 的值），j=3+1=4；第 2 步是：后用，这时才将 j 的值赋值给 y，即 y=j=4。

③ 第 14 行中，运算符"+"和"-"级别最高，即先计算 12+5=17 和 12-5=7；次之是关系运算符">"和"<"，即计算 17>3 和 7<7，结果为 true 和 false；最后是逻辑运算符"||"，即计算 true||false，结果为 true。

现场演练

int i=15，j1，j2，j3，j4，（1）j1=i++，求 j1 和 i 值；（2）j2=++i，求 j2 和 i 值；（3）j3=i--，求 j3 和 i 值；（4）j4=--i，求 j4 和 i 值。

知识链接

复合赋值运算符

赋值运算符还可以与算术运算符和赋值运算符结合成复合赋值运算符，构成赋值运算符的简洁使用方式。复合赋值运算符的使用方法如表 2.12 所示。

表 2.12　复合赋值运算符

运 算 符	用 例	说 明	等 价 于
+=	a+=b	a+b 的值存放到 a 中	a=a+b
−=	a−=b	a−b 的值存放到 a 中	a=a−b
*=	a*=b	a*b 的值存放到 a 中	a=a*b
/=	a/=b	a/b 的值存放到 a 中	a=a/b
%=	a%=b	a%b 的值存放到 a 中	a=a%b

任务三　程序控制结构

任务描述

子任务 1：公共汽车买票问题：乘客上车时显示 Welcome；输入乘客年龄；如果年龄小于 8 岁或大于 60 岁，免票显示 OK，否则显示：2 yuan。

子任务 2：分别用 for 语句、while 语句和 do…while 语句求 1+2+…+100。

子任务 3：编程输入成绩（0～100），根据输入的百分制按五分制的成绩输出（排除不可能的分数）。百分制与五分制之间的关系如表 2.13 所示。

表 2.13　百分制与五分制之间的关系

百分制	五分制
90 ～ 100	5
80 ～ 89	4
60 ～ 79	3
0 ～ 59	2

子任务 4：用 for 循环完成如下所示的图形。

```
          *
        *   *
      *   *   *
    *   *   *   *
  *   *   *   *   *
*   *   *   *   *   *
```

必备知识

1. 程序的结构设计

结构化程序设计语言，强调用模块化、积木式来建立程序。采用结构化程序设计方法，可使程序的逻辑结构清晰、层次分明、可读性好、可靠性强，从而提高了程序的开发效率，保证了程序质量，改善了程序的可靠性。

一般来说程序的结构包含顺序结构、选择结构、循环结构 3 种，这 3 种不同的结构有一个共同点，就是它们都只有一个入口，也只有一个出口。程序中使用了上面这些结构到底有什么好处呢？这些单一入、出口可以让程序易读、好维护，也可以减少调试的时间。

2. 顺序结构

结构化程序的最简单的结构就是顺序结构，所谓顺序结构就是按书写顺序执行的语句构成的程序段，其流程如图 2.2 所示。

示例 11：将华氏温度转换为摄氏温度。

摄氏温度 c 和华氏温度 f 之间的关系为：c=5(f-32)/9。

```java
public class Example11 {
    public static void main(String[] args) {
        float f,c;
        f=70.0f;
        c=5*(f-32)/9;
        System.out.println("f="+f);
        System.out.println("c="+c);
    }
}
```

【运行结果】

```
f=70.0
c=21.11111
```

示例分析：main()方法中声明了 f 和 c 两个 float 类型的变量，分别表示华氏温度和对应的摄氏温度，接着给 f 赋值 70.0，通过 5*(f-32)/9 计算对应的摄氏温度，最后输出 f 和 c 的值。

main()方法中，各语句按照书写的先后次序顺序执行，属于顺序结构。

3. 选择结构

程序中有些程序段的执行是有条件的，当条件成立时，执行一些程序段；当条件不成立时，执行另一些程序段，或不执行，称为选择结构。

选择结构程序通过 Java 提供的选择语句对给定条件进行判断，根据条件的满足与否，执行对应的语句。选择语句有两种：if 语句和 switch 语句。

（1）if 语句。if 语句也叫条件语句，它根据条件表达式的值来选择将要执行的语句。可以实现单分支、双分支和多分支等选择结构。

图 2.2　顺序结构的流程图

形式一：if 语句实现单分支选择结构。其使用格式如下：

```java
if(条件表达式) {
        语句主体;
}
```

其流程图如图 2.3 所示。

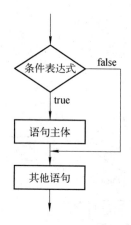

图 2.3 单分支选择结构的流程图

功能说明：

① 首先判断"条件表达式"的值，如果结果为 true，则执行"语句主体"内的语句，然后继续执行后面的"其他语句"；如果结果为 false，则不执行"语句主体"内的语句，而是执行"其他语句"。

② 若在 if 语句主体中要处理的语句只有 1 个，可省略左、右花括号。

示例 12：用 if 语句实现单分支选择结构。

```
01  public class Example12 {
02      public static void main(String[] args) {
03      int a=6,b=2;
04      if(a>b)
05          System.out.println("a-b="+(a-b));
06      System.out.println("a+b="+(a+b));
07      }
08  }
```

【运行结果】

```
a-b=4
a+b=8
```

示例分析：首先判断第 04 行"条件表达式"的值，即(a>b)=(6>2)，结果为 true，则执行后面的第 05 行语句"System.out.println("a-b="+(a-b));"，输出结果为：a-b=4，然后继续执行后面的第 06 行其他语句"System.out.println("a+b="+(a+b));"，输出结果为：a+b=8。

可以试着更改程序中变量 a、b 的初值，如 a=3，b=8，再观察程序运行的流程。

形式二：if...else 语句实现双分支选择结构。其使用格式如下：

```
if(条件表达式)
{
    语句主体1;
```

```
}
else
{
        语句主体2；
}
```

其流程图如图 2.4 所示。

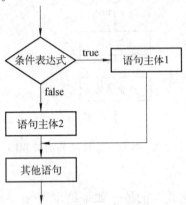

图 2.4　双分支选择结构的流程图

功能说明：

① 判断"条件表达式"的值，如果结果为 true，则执行"语句主体 1"；如果结果为 false，则执行"语句主体 2"。

② 继续执行整个 if 语句后面的"其他语句"。"语句主体 1"和"语句主体 2"可以是一条语句，也可以是复合语句。

示例 13：用 if...else 语句实现双分支选择结构。

```
01  public class Example13 {
02      public static void main(String[] args) {
03      int a=5;
04      if(a%2==1)
05          System.out.println(a+"是奇数!");
06      else
07          System.out.println(a+"是偶数!");
08      }
09  }
```

【运行结果】

5是奇数!

示例分析：第 04~07 行为 if...else 语句，第 04 行中，if 的条件表达式（a%2==1），因为 a=5，用 5 除以 2 余数为 1，结果为 true，所以执行 05 行语句，输出"a 是奇数!"。

若更改程序中变量 a 的初值，如 a=4，观察程序运行的结果。

形式三：嵌套的 if...else 语句实现多分支选择结构。其使用格式如下：

```
if(条件表达式 1){
语句主体 1;
```

```
}else if(条件表达式2){
语句主体2;
}
…   //多个else if()语句
else{
语句主体n;
}
```

功能说明：

根据给定的条件表达式的值，判断哪个的结果先为 true，则先执行其后的语句主体，而其他的语句主体不再执行。

示例 14：用嵌套的 if...else 语句，实现多分支选择结构。y 和 x 的函数关系如表 2.14 所示，编写由 x 计算 y 的程序。

表 2.14 y 与 x 的函数关系

x	y
x < 0	0
0 < x ≤ 10	x
10 < x ≤ 20	10
20 < x	0.5x+20

```java
public class Example14 {
    public static void main(String[] args) {
        float x,y;
        x=Float.parseFloat(args[0]);
        if(x<0)
            y=0;
        else if(x>0&&x<=10)
            y=x;
        else if(x>10&&x<=20)
            y=10;
        else
            y=0.5f*x+20;
        System.out.println("x="+x);
        System.out.println("y="+y);
    }
}
```

【运行结果】

如果在运行配置的 Arguments 参数中输入：5.0

运行程序，数值 5.0 将会传递给 args[0],屏幕输出运行结果如下：

```
x=5.0
y=5.0
```

示例分析：main()方法中声明了 float 变量 x、y，分别表示自变量 x 和因变量 y。main() 方 法 中 的 参 数 args[0] 接 收 运 行 配 置 中 输 入 的 参 数 5.0， 通 过

Float.parseFloat(args[0])将参数转换成 float 类型值，并赋值给 x。根据 x 值所在范围 (x>0&&x<=10)，执行 y=x 语句，帮 y=5.0。

（2）switch 语句——多分支选择语句。switch 语句能够根据给定表达式的值，从多个分支中选择一个分支来执行。其使用的格式如下：

```
switch(表达式)
{
    case  选择值1: 语句主体1;break;
    case  选择值2: 语句主体2;break;
    ...
    case  选择值n: 语句主体n;break;
    default:语句主体;
}
```

注意：switch 语句里的选择值只能是字符或者常量。

功能说明：

① switch 语句先计算括号中表达式的结果。

② 根据表达式的值检测是否符合执行 case 后面的选择值，若是所有 case 的选择值皆不符合，则执行 default 所包含的语句，执行完毕即离开 switch 语句。

③ 如果某个 case 的选择值符合表达式的结果，就会执行该 case 所包含的语句，直到遇到 break 语句后才离开 switch 语句。

④ 若是没有在 case 语句结尾处加上 break 语句，则会一直执行到 switch 语句的尾端才会离开 switch 语句。

⑤ 若是没有定义 default 该执行的语句,则什么也不会执行,而是直接离开 switch 语句。

⑥ 若选择值为字符时，必须用单引号将字符包围起来。

其流程图如图 2.5 所示。

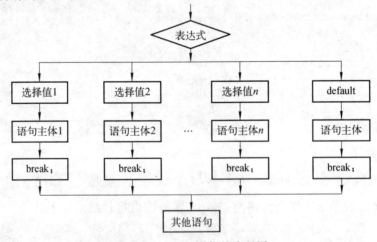

图 2.5　switch 语句的流程图

示例 15：通过命令行输入 1~12 之间的一个整数，输出相应月份的英文单词（使用 switch 语句处理）。

```
public class Example15 {
public static void main(String[] args) {
        short month;
        month=Short.parseShort(args[0]);
        switch(month)
        {
        case 1:System .out .println("January");break;
        case 2:System .out .println("February");break;
        case 3:System .out .println("March");break;
        case 4:System .out .println("April");break;
        case 5:System .out .println("May");break;
        case 6:System .out .println("June");break;
        case 7:System .out .println("July");break;
        case 8:System .out .println("August");break;
        case 9:System .out .println("September");break;
        case 10:System .out .println("October");break;
        case 11:System .out .println("November");break;
        case 12:System .out .println("December");break;
        }
    }
}
```

【运行结果】

如果在运行配置的 Arguments 参数中输入：3

运行程序，如果输了数值 3 将会传递给 args[0]，屏幕输出运行结果如下：

March

示例分析：main()方法中声明了 short 类型变量 month。main()方法中的参数 args[0] 接收在运行配置中输入的参数 3，通过 Short.parseShort(args[0])将参数转换成 short 类型值，再赋值给 month。判断 month 的值与哪个 case 后面的常量相等，就执行该 case 子句中的输出语句，显示对应月份的英文单词，再执行 break 语句，结束 switch 语句。

若是没有在 case 语句结尾处都加上 break 语句，观察程序运行结果。

4. 循环结构

循环结构是程序中的另一种重要结构，它和顺序结构、选择结构共同作为各种复杂程序的基本构造部件。循环结构的特点是在给定条件成立时，反复执行某个程序段。通常称给定条件为循环条件，称反复执行的程序段为循环体。循环体可以是复合语句、单个语句或空语句。在循环体中也可以包含循环语句，实现循环的嵌套。

循环结构包括 while 语句、do...while 语句和 for 语句。

（1）while 语句

while 循环的格式如下：

```
while (判断条件)
{
    语句 1;
    语句 2;
    …
```

```
    语句 n;
}
```

功能说明：

先计算"判断条件"的值，若判断条件的值为真（true），则执行循环体中的语句；再计算"判断条件"的值，若判断条件的值为真（true），再执行循环体的语句，形成循环，直到判断条件的值为假（false），结束循环，执行 while 语句后面的语句。

while 循环流程图如图 2.6 所示。

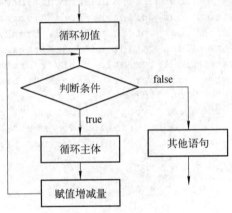

图 2.6　While 循环流程图

下面列出了 while 循环执行的流程。

① 第 1 次进入 while 循环前，必须先对循环控制变量（或表达式）赋起始值。

② 根据判断条件的内容决定是否要继续执行循环，若判断条件的值为真（true），则继续执行循环体主体。

③ 判断条件的值为假（false），结束循环，执行 while 语句后面的语句。

④ 执行完循环主体内的语句后，重新对循环控制变量（或表达式）赋值（增加或减少）。由于 while 循环不会自动更改循环控制变量（或表达式）的内容，所以在 while 循环体中对循环控制变量赋值的工作要由设计者自己来做，完成后再回到步骤（2）重新判断是否继续执行循环。

示例 16：while 循环的使用。

```
01  public class Example16 {
02      public static void main(String[] args) {
03          int i=1,sum=0;
04          while(i<=10) {
05          sum+=i;          //累加计算
06          i++;
07          }
08          System.out.println("1+2+...+10="+sum);
09      }
10  }
```

【运行结果】

```
1+2+...+10=55
```

示例分析：在第 03 行中，将循环控制变量 i 的值赋值为 1。

在第 04 行进入 while 循环的判断条件为 i<=10。第 1 次进入循环，由于 i 的值为 1，所以判断条件的值为真，即进入循环体。

在第 05～06 行为循环主体，sum+i 后再赋值给 sum，i 的值加 1（即 i=2），再回到第 04 行，继续判断 while 循环条件 i<=10 是否成立，若成立则继续执行循环；直到 i 大于 10 即跳出循环，最后输出 sum 的值。

本示例整个循环的执行过程如表 2.15 所示。

表 2.15　计算"1+2+…+10"的循环执行过程

循环次数	i 的值	sum 的值	判断条件（i<=10）	循环主体 sum+=i	循环控制变量(i++)
第 1 次	i=1	sum=0	1<=10(true)	sum=0+1=1	i=2
第 2 次	i=2	sum=1	2<=10(true)	sum=1+2=3	i=3
第 3 次	i=3	sum=3	3<=10(true)	sum=3+3=6	i=4
第 4 次	i=4	sum=6	4<=10(true)	sum=6+4=10	i=5
第 5 次	i=5	sum=10	5<=10(true)	sum=10+5=15	i=6
第 6 次	i=6	sum=15	6<=10(true)	sum=15+6=21	i=7
第 7 次	i=7	sum=21	7<=10(true)	sum=21+7=28	i=8
第 8 次	i=8	sum=28	8<=10(true)	sum=28+8=36	i=9
第 9 次	i=9	sum=36	9<=10(true)	sum=36+9=45	i=10
第 10 次	i=10	sum=45	10<=10(true)	sum=45+10=55	i=11
第 11 次	i=11	sum=55	11<=10(false)	退出循环	

本示例中，while 语句能否循环执行取决于变量 i 的取值，i 称为循环控制变量。用 while 语句实现循环时，要注意循环控制变量的初始值、变化及循环条件之间的配合，使循环条件的初值为 true，经过若干次循环后，使循环条件的最终值变为 false，结束循环。

while 语句的特点：先判断，后执行。如果一开始，判断条件的值就是 false，则循环体一次也不执行，所以 while 语句的最少循环次数是 0。

在 while 语句中，如果循环条件保持 true 不变，循环就永不停止，称为死循环。在程序设计中，要避免死循环的发生。

本例中，如果去除循环体中语句"i++;"，将出现死循环。

（3）do…while 语句。do…while 循环的格式如下：

```
do{
    语句 1;
    语句 2;
    …
    语句 n;
}while（判断条件）;
```

功能说明：

先执行一次循环体，然后判断表达式的值，如果是真（true），再执行循环体，形成循环，直到判断表达式的值变为假（false），则结束循环，执行 do...while 语句后面的下一条语句。

do...while 循环流程图如图 2.7 所示。

下面列出了 do...while 循环执行的流程。

① 在进入 do...while 循环前，要先对循环控制变量（或表达式）赋起始值。

② 直接执行循环体，循环主体执行完毕，才开始根据判断条件的内容决定是否继续执行循环，若判断条件的值为真(true)时，继续执行循环体；若判断条件的值为假(false)时，则跳出循环，执行其他语句。

③ 执行完循环主体内的语句后，重新对循环控制变量（或表达式）赋值（增加或减少）。由于 do...while

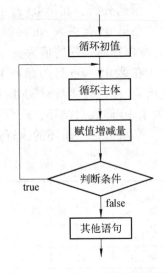

图 2.7　do...while 循环流程图

循环不会自动更改循环控制变量（或表达式）的内容，所以在 do...while 循环体中对循环控制变量赋值的工作要由设计者自己来做，完成后再回到步骤②重新判断是否继续执行循环。

示例 17：do...while 循环的使用。

```
01    public class Example17 {
02      public static void main(String[] args) {
03        int i=1,sum=0;
04        do
05        {
06            sum+=i;
07            i++;
08        }while(i<=10);
09        System.out.println("1+2+...+10="+sum);
10      }
11    }
```

【运行结果】

```
1+2+...+10=55
```

示例分析：在第 03 行中，将循环控制变量 i 的值赋值为 1，变量 sum 的值赋值为 0。

在第 06~07 行，第 1 次进入循环体，sum+i 后再赋值给 sum，i 的值加 1（即 i=2）。接着判断条件 i<=10，由于 i 的值为 2，所以判断条件的值为真，即第 2 次进入循环体。sum+i 后再赋值给 sum 存入，i 的值加 1（即 i=3），形成循环……又判断条件 i<=10，直到 i 大于 10 即跳出循环，表示累加的操作已经完成，最后将 sum 的值输出即可。

do...while 语句的特点：先执行，后判断。因此，循环体至少会被执行一次。

（4）for 语句。for 循环的格式如下：

```
for(赋值初值;判断条件;赋值增减量)
{
    语句 1;
    语句 2;
    …
    语句 n;
}
```

若是在循环主体中要处理的语句只有 1 个，可以将花括号去掉。

for 循环流程图如图 2.8 所示。

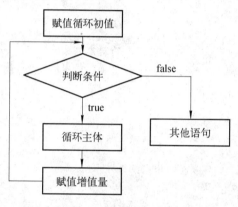

图 2.8　for 循环流程图

下面列出 for 循环的流程。

① 第 1 次进入 for 循环时，对循环控制变量赋起始值。

② 根据判断条件的内容检查是否要继续执行循环，当判断条件值为真（true）时，继续执行循环主体内的语句；当判断条件值为假（false）时，则会跳出循环，执行其他语句。

③ 执行完循环主体内的语句后，循环控制变量会根据增减量的要求，更改循环控制变量的值，再回到步骤②重新判断是否继续执行循环。

示例 18：for 循环的使用。

```
01    public class Example18 {
02        public static void main(String[] args) {
03            int i=1,sum=0;
04            for(i=1;i<=10;i++)
05                sum+=i;
06            System.out.println("1+2+...+10="+sum);
07        }
08    }
```

【运行结果】

```
1+2+...+10=55
```

示例分析：第 03 行声明两个变量 sum 和 i，i 用于循环的记数控制。第 4 ~ 5 行做 1 ~ 10 之间的循环累加。

（5）循环嵌套。当循环语句中又出现循环语句时，就称为嵌套循环，如嵌套 for 循环、嵌套 while 循环等。当然，也可以使用混合嵌套循环，也就是循环中又有其他不同种类的循环。

例如：

```
for( ; ; )                          //外循环开始
{
  for( ; ; )                        //内循环开始
    {…}                             //内循环结束
}                                   //外循环结束
for( ; ; )                          //外循环开始
{
  do{                               //内循环开始
    …}while () ;                    //内循环结束
}                                   //外循环结束
```

示例 19：循环嵌套的使用。

```java
public class Example19 {
public static void main(String[] args) {
    int i,j;
    //用两层 for 循环嵌套输出乘法表
    for(i=1;i<=9;i++)
    {
        for(j=1;j<=9;j++)
            System.out.print ln(i+"*"+j+"="+(i*j)+"\t");
        System.out.print("\n");
    }
  }
}
```

【运行结果】

```
1*1=1   1*2=2   1*3=3   1*4=4   1*5=5   1*6=6   1*7=7   1*8=8   1*9=9
2*1=2   2*2=4   2*3=6   2*4=8   2*5=10  2*6=12  2*7=14  2*8=16  2*9=18
3*1=3   3*2=6   3*3=9   3*4=12  3*5=15  3*6=18  3*7=21  3*8=24  3*9=27
4*1=4   4*2=8   4*3=12  4*4=16  4*5=20  4*6=24  4*7=28  4*8=32  4*9=36
5*1=5   5*2=10  5*3=15  5*4=20  5*5=25  5*6=30  5*7=35  5*8=40  5*9=45
6*1=6   6*2=12  6*3=18  6*4=24  6*5=30  6*6=36  6*7=42  6*8=48  6*9=54
7*1=7   7*2=14  7*3=21  7*4=28  7*5=35  7*6=42  7*7=49  7*8=56  7*9=63
8*1=8   8*2=16  8*3=24  8*4=32  8*5=40  8*6=48  8*7=56  8*8=64  8*9=72
9*1=9   9*2=18  9*3=27  9*4=36  9*5=45  9*6=54  9*7=63  9*8=72  9*9=81
```

示例分析：i 为外层循环的控制变量，j 为内层循环的控制变量。当 i 为 1 时，符合外层 for 循环的判断条件(i<=9)，进入另一个内层 for 循环主体；由于是第 1 次进入内层循环，所以 j 的初值为 1，符合内层 for 循环的判断条件(j<=9)，进入循环主体，输出 i*j 的值（1*1=1），j 再加 1 等于 2，仍符合内层 for 循环的判断条件(j<=9)，再次执行计算与输出的工作，直到 j 的值大于 9 即离开内层 for 循环，回到外层循环。此时，i 会加 1 成为 2，符合外层 for 循环的判断条件(i<=9)，继续执行内层 for 循环主体，直到 i 的值大于 9 时即离开外层 for 循环。

整个程序到底执行了几次循环？可以看到，当 i 为 1 时，内层循环会执行 9 次（j 为 1~9），当 j 为 1 时，内层循环也会执行 9 次（j 为 1~9），依次类推的结果，这个程序会执行 81 次循环，而输出结果也正好输出 81 个式子。

示例 20：循环嵌套的使用（求 2~50 之间的所有素数）。

```java
public class Example20 {
    public static void main(String[] args) {
        final int MAX=50;
        int i,k;
        boolean yes;
        for(k=2;k<MAX;k++){
            yes=true;
            i=2;
            while(i<k-1&&yes)
            {
                if(k%i==0)
                    yes=false;
                i++;
            }
            if(yes)
                System.out.print(k+" ");
        }
    }
}
```

【运行结果】

```
2 3 5 7 11 13 17 19 23 29 31 37 41 43 47
```

示例分析：k 为外层循环的控制变量，i 为内层循环的控制变量。

内循环的功能是判断 k 是否是素数。在内循环之前，给布尔变量 yes 赋初值 true。在内循环 while 语句中，如果在 2~k-1 之间查找到了能整除 k 的整数 i，（k%i==0）的值为 true，将 yes 的值更改为 false，内循环也就结束了；如果在 2~k-1 之间不存在能整除 k 的整数 i，内循环结束时，yes 的值仍然为 true。所以内循环结束时，如果 yes 的值是 true，k 是素数。

外循环的功能是对 2~50 之间的每个整数，判断其是否是素数。外循环语句共执行 48 次循环，每次对一个整数进行判断。在执行对 k 进行判断的外循环体时，内循环结束后，如果 yes 的值是 true，表明 k 是素数，输出 k。

5. 循环跳转语句

（1）break 语句。break 语句可用于 switch 语句或 while、do…while、for 循环语句，如果程序执行到 break 语句，则会立即从 switch 语句或循环语句退出。break 语句也称为中断语句，它常用来在适当的时候退出某个循环，或终止某个 case 并跳出 switch 结构。

（2）continue 语句。continue 语句可用于 while、do…while、for 语句的循环体中，如果程序执行到 continue 语句，则会结束本次循环，回到循环条件处，判断是否执行下一次循环。

示例 21：break 语句的使用。

```
01    public class Example21 {
02      public static void main(String[] args) {
03          int i;
04          for(i=1;i<=10;i++)
05          {
06              if(i%3==0)
07                  break;                    //跳出整个循环体
08              System.out.println("i="+i);
09          }
10          System.out.println("循环中断: i="+i);
11      }
12    }
```

【运行结果】

```
i=1
i=2
循环中断: i=3
```

示例分析：程序中第 05 ~ 09 行为循环主体，i 为循环的控制变量。当 i%3 为 0 时，符合 if 的条件判断，即执行第 7 行的 break 语句，跳离整个 for 循环。此例中，当 i 的值为 3 时，3%3 的余数为 0，符合 if 的条件判断，离开 for 循环，执行第 10 行，输出循环结束时循环的控制变量 i 的值 3。

通常设计者都会设定一个条件，当条件成立时，不再继续执行循环主体。所以在循环中出现 break 语句时，if 语句通常也会同时出现。

示例 22：continue 语句的使用。

```
01    public class Example22 {
02      public static void main(String[] args) {
03          int i;
04          for(i=1;i<=10;i++)
05          {
06              if(i%3==0)
07                  continue;                 //跳出一次循环
08              System.out.println("i="+i);
09          }
10          System.out.println("循环中断: i="+i);
11      }
12    }
```

【运行结果】

```
i=1
i=2
i=4
i=5
```

```
i=7
i=8
i=10
循环中断：i=11
```

示例分析：第 05～09 行为循环主体，i 为循环的控制变量。

当 i%3 为 0 时，符合 if 的条件判断，即执行第 7 行的 continue 语句，跳离目前的 for 循环（不再执行循环体内的其他语句），而是回到循环开始处继续判断是否执行循环。此例中，当 i 的值为 3、6、9 时，取余数为 0，符合 if 的条件判断，离开当层的 for 循环，回到循环开始处继续判断是否执行循环。

当 i 的值为 11 时，不符合循环执行的条件，此时执行程序第 10 行，输出循环结束时循环的控制变量 i 的值 11。

解题思路

（1）"年龄小于 8 岁或年龄大于 60 岁"的数学表达式为"age<8||age>60"。

（2）while 循环语句的特点是：先判断，后执行；do…while 循环语句的特点是：先执行，后判断。

（3）用嵌套的 if…else 语句时，要注意 else 和 if 的匹配问题。当有多种分支时，使用 switch…case 语句会让程序更容易理解。

（4）声明 3 个控制变量 i、sapce、star。i 变量控制行数，space 变量控制空格数，star 变量控制图形数，由 for 循环嵌套完成整个图形的输出。

任务透析

```java
// 子任务1源代码: ClassDemo1Test.java
public class ClassDemo1Test {
    public static void main(String[] args) {
        System.out.println("Welcome");
        Short age;
        age=Short.parseShort(args[0]);
        if(age<8||age>60)
            System.out.println("Ok");
        else
            System.out.println(" 2 yuan");
    }
}
```

如果在命令行键入：6，运行程序，将 6 传递给 args[0],屏幕输出结果如下：
【运行结果】

```
Welcome
Ok
```

如果在命令行键入：20，运行程序，将 20 传递给 args[0]，屏幕输出结果如下：

```
Welcome
2 yuan
```

```
//子任务 2 源代码: ClassDemo2Test.java
public class ClassDemo2Test {
    public static void main(String[] args) {
        //用 while 循环语句完成
        int i=1,sum1=0;
        while(i<=100)
        {
            sum1+=i;
            i++;
        }
        System.out.println("while 语句:1+2+...+100="+sum1);
        //用 do...while 循环语句完成
        int j=1,sum2=0;
        do{
            sum2+=j;
            j++;
        } while (j<=100);
        System.out.println("do...while 语句:1+2+...+100="+sum2);
        //用 for 循环语句完成
        int k=1,sum3=0;
        for(k=1;k<=100;k++)
            sum3+=k;
        System.out.println("for 语句:1+2+...+100="+sum3);
    }
}
```

【运行结果】

```
while 语句:1+2+...+100=5050
do...while 语句:1+2+...+100=5050
for 语句:1+2+...+100=5050
```

```
// 子任务 3 源代码: ClassDemo3Test.java
public class ClassDemo3Test {
    public static void main(String[] args) {
        //嵌套的 if 语句完成
        int score;
        char grade;
        score=(int)Float.parseFloat(args[0]);
        if(score>=0&&score<=100)
        {
            if(score>89)
                grade='5';
            else if(score>79)
                grade='4';
```

```
            else if(score>59)
                grade='3';
            else
                grade='2';
            System.out.println("grade is "+grade);
        }
        else
            System.out.println("date error!");
// if 语句+嵌套的 switch 完成
    int s,score2;
    char grade2='0';
    score2=(int)Float.parseFloat(args[0]);
    if(score2>=0&&score2<=100)
    {
        s=score2/10;
        switch(s)
        {
            case 0: case 1: case 2: case 3: case 4:
            case 5: grade2='2';break;
            case 6:
            case 7: grade2='3';break;
            case 8: grade2='4';break;
            case 9:case 10: grade2='5';break;
        }
        System.out.println("grade2 is "+grade2);
    }
    else
        System.out.println("date error!");
    }
}
```

如果在命令行键入：85，运行程序，将 85 传递给 args[0],屏幕输出结果如下：

【运行结果】

```
grade is 4
grade2 is 4
```

```
// 子任务4源代码: ClassDemo4Test.java
public class ClassDemo4Test {
    public static void main(String[] args) {
        int i,space,star;
        for(i=1;i<=6;i++)
        {
            for(space=1;space<=6-i;space++)
                System.out.print(" ");
```

```
        for(star=1;star<=i;star++)
            System.out.print("*");
        System.out.print("\n");
        }
    }
}
```

【运行结果】

```
     *
    **
   ***
  ****
 *****
******
```

课堂提问

★ 在子任务 1 中，如果在命令行参数中输入：20，程序运行结果是什么？

★ 在子任务 2 中，while 循环和 do...while 循环最大的区别是什么？

★ 在子任务 3 中，如果在命令行参数中输入：120，程序运行结果是什么？如果在命令行参数中输入：68，程序运行结果又是什么？

现场演练

计算：1-3+5-9+...-99 的值。

思 考 练 习

一、选择题

1. 若有定义，int a=2，则执行完语句 a+=a-=a*a; 后，a 的值是（　　　　）。

　　A. 0　　　　　　　　　　　　　　B. 4

　　C. 8　　　　　　　　　　　　　　D. -4

2. 已有定义 int x=3,y=4;，则 x>y &&y 的值是（　　　　）。

　　A. true　　　　　　　　　　　　B. 0

　　C. false　　　　　　　　　　　　D. 1

3. 下面标识符中正确的是（　　　　）。

　　A. *123　　　　　　　　　　　　B. 12java

　　C. continue　　　　　　　　　　D. java$next

4. 下面错误的赋值语句是（　　　　）。

　　A. float f = 11.1f;　　　　　　　　B. double d = 5.3E12;

　　C. char c= ' \r ';　　　　　　　　D. byte bb = 433;

5. 阅读下面代码段：

```
Public class Test
{
Public static void main (string args [ ])
{
    Char ch ;
    Switch (ch)
    {
        Case 'a': system.out.print("abc");break;
        Case'b': system.out.print("ab");
        Case'c': system.out.print("c");break;
        Default: system.out.print("abc");
    }
}
}
```

不输出 "abc" 的 ch 值是(　　)。

A. 'a'   B. 'b'

C. 'c'   D. 'd'

二、填空题

1. 在 Java 中，3 种基本的程序控制是顺序结构、_____、_____。

2. 下面程序对数组中每个元素赋值，然后按逆序输出。请在横线处填入适当内容，使程序能正确运行。

```
public class ArrayTest {
static void (String args[]) {
 int i;
 int a[]=int[5];
 for(i=0;i<5;i++)
    a[i]=i;
 for(_____;i>=0;i--)
  System.out.println("a["+i+"] ="+a[i]);
   }
}
```

3. Java 程序通过_____语句跳出本次循环。

4. 下列语句序列执行后，i 的值是_____。

```
int i=16;
do { i/=2; } while( i > 3 );
```

5. 用条件运算符求 x 和 y 最大值的表达式_____。

三、读程序写结果

1. 以下代码段输出结果是：_____。

```
a=0;c=0;
    do{
```

```
        --c;
        a=a-1;
    }while(a>0);
System.out.println("c="+c);
```

2. 下面语句执行后，i 的值是_____。

```
for( int i=0,j=1; j < 5; j+=3 ) i=i+j;
```

3. 执行如下程序代码

```
    a=0;c=0;
    do{
        --c;
        a=a-1;
    }while(a>0);后，c 的值是_____
```

上机实训（二）

一、实训题目
程序控制语句。

二、实训目的
1. 理解 3 种基本的程序控制结构。
2. 掌握选择结构程序设计。
3. 掌握循环结构程序设计。

三、实训内容

实训 1

使用 if 语句编写程序：输入 x，求出并输出 x 的绝对值。

实训 2

使用 if 语句编写程序：输入 a 和 b 的值，若 a>b 将两个数的位置调换；否则，保持不变。

实训 3

编程输入成绩（0～100 分数），如果分数在 80 分以上显示 Good，如果分数在 60～80 分之间显示 OK，如果分数在 60 分以下显示 Make great efforts。

实训 4

利用 for 语句，编程输出如下图形：

```
        *
      *   *
    *   *   *
  *   *   *   *
*   *   *   *   *
```

实训 5

分别用 while 语句、do…while 语句和 for 语句完成编程：sum=1+3+5+…+99 的结果。

实训 6

用 switch 语句完成编程：幼儿园规定只收 2～6 岁的儿童，2～3 岁入小班，4 岁入中班，5～6 岁入大班，现输入年龄，要求输出什么班。注：小班 Enter Lower class!；中班 Enter Middle class!；大班 Enter Higher class!；其他年龄 Can't enter!。

四、实训报告要求

1. 源程序代码。

2. 测试数据和结果。

3. 实验心得与体会。

数组与方法 《《

项目描述

本项目介绍数组与方法的联合使用。要求掌握数组的定义及应用；方法的定义及应用；数组作为参数的具体应用。

项目分解

本项目可分解为以下几个任务：

● 数组的定义及使用；
● 方法的定义及使用；
● 数组参数。

任务一 数组的定义及使用

任务描述

编写程序，定义一个一维数组，给数组各元素赋值，并求数组元素的最大值和最小值；定义一个二维数组 biAarry，初始化数组并输出数组各元素。

必备知识

1. 一维数组的声明及使用

数组用一个变量名表示一组数据，每个数据称为元素，各元素通过下标进行区分。如果用一个下标就能确定数组中的不同元素，这种数组称为一维数组。

（1）一维数组的声明与内存的分配。

要使用 Java 中的数组，必须经过以下两个步骤。

① 声明数组。声明一个数组就是要确定数组名、数组的维数和数组元素的数据类型。

② 分配内存给该数组。

这两个步骤的语法如下：

```
数据类型    数组名[];                // 声明一维数组格式 1
```

或

```
数据类型[]    数组名;           // 声明一维数组格式2
数组名=new 数据类型[num];       // 分配内存给数组
```

说明

①"数据类型"是声明数组元素的数据类型，常见的类型有整型、浮点型与字符型等。

②"数组名"是这个数组的名称，其命名规则和变量相同。

③ new 是命令编译器根据括号里 num 的个数，在内存中开辟一块内存供该数组使用。

④ num 是这个数组中所包含的元素的个数，在 Java 中数组的计数是从[0]下标开始的，到[num-1] 下标结束。

例如：

```
int score[];
score = new int[10];
```

除了用两行来声明并分配内存给数组之外，也可以用较为简洁的方式，把两行缩成一行来编写，其格式如下：

```
数据类型    数组名[] = new  数据类型[num];
```

上述例子等价于如下写法：

```
int score[] = new int[10]
```

（2）一维数组中元素的表示方法。

数组中的各个元素通过下标进行区分，下标的最小值为 0，最大值为 num-1。以一个 score[10]的整型数组为例，score[0]代表第 1 个元素，score[1]代表第 2 个元素，score[9]为数组中的第 10 个元素（也就是最后一个元素）。

示例 1：一维数组的使用。

```
01    public class Example1 {
02        public static void main(String[] args) {
03            int i;
04            int a[];           //声明一整型数组a，此时仅开辟栈内存空间
05            a = new int[3]; //开辟堆内存空间供整型数组a使用，其元素个数为3
06            for(i=0;i<3;i++) //输出数组a
07                System.out.print("a["+i+"]="+a[i]+"\t");
08            System.out.println("\n数组长度是:"+a.length);//输出数组长度
09        }
10    }
```

【运行结果】

```
a[0]=0  a[1]=0  a[2]=0
数组长度是: 3
```

示例分析：第4行声明一整型数组a，第5行开辟栈内存空间供整型数组a使用，其元素个数为3。

第6~7行，利用for循环输出数组各元素的值。由于程序中未对数组元素赋值，因此默认值为0。

第8行输出数组长度。此示例中数组的长度是3，表示数组元素的总数为3。

需要特别注意的是，在 Java 中取得数组长度（即数组元素的个数），可以利用下面的格式：

```
数组名.length
```

（3）一维数组的初始化。

① 赋初值初始化数组。如果想直接在声明时就对数组赋初值，可以利用大括号完成。只要在数组的声明格式后面再加上初值的赋值即可，如下面的格式所示。

```
数据类型    数组名[]={初值0,初值1,…,初值n};
```

例如：

```
int score[]={68,55,90,75,86}        //数组声明并赋初值
```

语句中声明了一个整型数组 score，虽然没有特别指明数组的长度，但是由于大括号里的初值有5个，所以编译器会分别依序指定给各元素存放，score[0]为68，score[1]为55，score[2]为90，score[3]为75，score[4]为86，如图3.1所示。

score[0]	score[1]	score[2]	score[3]	score[4]
68	55	90	75	86

图 3.1　数组初始值

示例2：一维数组的初始化。

```
01  public class Example2 {
02      public static void main(String[] args) {
03          int i;
04          int a[]={15,29,38};      //声明一个整型数组a，并赋初值（初始化）
05          for(i=0;i<a.length;i++) //输出数组的内容
06              System.out.print("a["+i+"]="+a[i]+"\t");
07          System.out.println("\n 数组长度是: "+a.length);
08      }
09  }
```

【运行结果】

```
a[0]=15     a[1]=29     a[2]=38
数组长度是: 3
```

示例分析：除了在声明的同时为数组赋初值外，也可以在程序中为某个特定的数组元素赋值。可以将程序的第4行更改成下面的程序片段：

```
int a[]=new int[3];
a[0]=15;
a[1]=29;
a[2]=38;
```

② 用 new 初始化数组。即前面所提到的一维数组的声明与内存分配的说明。

2．二维数组的定义及使用

虽然用一维数组可以处理一般简单的数据，但是在实际应用中仍显不足，所以
Java 也提供有二维数组以及多维数组供用户使用。

（1）二维数组的声明与内存的分配。

二维数组的声明与分配内存的格式如下：

```
数据类型  数组名[][];                          //声明二维数组格式1
```

或

```
数据类型[][]  数组名;                          //声明二维数组格式2
数组名=new 数据类型[行的个数][列的个数];        //分配内存给数组
```

同样，可以用较为简洁的方式声明二维数组，格式如下：

```
数据类型  数组名[][]=new 数据类型[行的个数][列的个数];
```

如果想直接在声明时对数组赋初值，可以利用大括号完成。只要在数组的声明格
式后面加上所同期的初值即可，如下面的格式：

```
数据类型  数组名[][]={
         {第0行初值},
         {第1行初值},
         …
         {第n行初值},
}
```

需要特别注意的是，用户不需要定义数组的长度，因此在数组名后面的中括号里
不必输入任何内容。此外，在大括号内还有几组大括号，每组大括号内的初值会依序
指定给数组的第0，1，…，n行元素。下面是关于数组 b 声明及赋初值的例子：

```
int b[][]={{23,45,21,45},{26,27,28,29}}
```

语句中声明了一个整型数组 b，数组有 2 行 4 列共 8 个元素，大括号里的几组初
值会分别依序指定给各行里的元素存放，b[0][0]=23，b[0][1]=45，b[0][2]=21，b[0][3]=45，
b[1][0]=26，b[1][1]=27，b[1][2]=28，b[1][3]=29。

（2）取得二维数组的行数与特定行元素的个数。

语法如下：

```
数组名.length          //取得数组的行数
数组名[下标].length     //取得特定行元素的个数
```

例如：

```
int b[][]={{23,45,21,45},{26,27,28,29}}
```

```
b.length;              //计算数组 b 的行数，其值为 2
b[0].length;           //计算数组 b 的第 1 行元素的个数，其值为 4
```

（3）二维数组元素的引用及访问。

二维数组元素的输入与输出方式与一维数组相同。

示例 3：二维数组的赋值。

```
01  public class Example3 {
02      public static void main(String[] args) {
03          int i,j,sum=0;
04          int score[][]={{60,70,80,90},{65,75,85,95}};
05          for(i=0;i<score.length;i++)
06          {
07              System.out.print("第"+(i+1)+"个人的成绩为: ");
08              for(j=0;j<score[i].length;j++)
09              {
10                  System.out.print(score[i][j]+"  ");
11                  sum+=score[i][j];
12              }
13              System.out.println();
14          }
15          System.out.println("\n总成绩是"+sum+"分!");
16      }
17  }
```

【运行结果】

```
第1个人的成绩为: 60  70  80  90
第2个人的成绩为: 65  75  85  95
总成绩是 620 分!
```

示例分析：第 03 行声明整数变量 i、j，i 控制行的元素，j 控制列的元素；而 sum 则用来存放所有数组元素的和，也就是总成绩。

第 04 行声明一整型数组 score，并对数组元素赋初值，该整型数组共有 8 个元素。

第 05 ~ 14 行输出数组中各元素的值，并进行成绩汇总。

第 15 行输出 sum 的结果，即总成绩。

3. 字符数组

字符数组是指数组的每个元素都是字符类型的数据。例如，要表示字符串 "Hello"，可以使用如下的字符数组：

```
char[] ch1={'H, 'e', 'l', 'l', 'o'};
```

字符串中所包含的字符个数称为字符串长度，如 "Hello" 的长度为 5。

要表示长度为 50 的字符串，可以使用如下字符数组：

```
char[] ch1=new char[50];
```

上面定义的字符数组由于字符个数太多，致使数组元素太多，使用起来极其不方便。为此，Java 提供了 String 类，通过建立 String 类的对象使用字符串特别方便。

4. 字符串

字符串是字符组成的序列，是编程中常用的数据类型。字符串可用来表示标题、名称和地址等。

（1）字符串变量的声明和初始化。格式如下：

```
String 字符串变量名;
字符串变量名 = new String();
```

也可以将两条语句合并为一条语句。格式如下：

```
String 字符串变量名=new String();
```

例如：

```
String str;
str = new String();
```

等价于：

```
String str = new String();
```

（2）字符串赋值。声明字符串变量后，便可为其赋值。可以为其赋一个字符串常量，也可将一个字符串变量或表达式的值赋给字符串变量。

例如，以下的语句序列分别为字符串变量 s1、s2 和 s3 赋值：

```
s1="people";
s2=s1;
s3="China"+s1;
```

结果 s2 的值为 "people"，s3 的值为 "China people"。其中运算符 "+" 的作用是将前后两个字符串连接起来。

（3）字符串的输出。例如：

```
String str=new String();
str="beautiful girl!";
System.out.println(str);
```

输出结果为：

```
beautiful girl!
```

示例 4：字符串运用。

```java
public class Example4 {
    public static void main(String[] args) {
        String s=new String("Kelly");
        char[] a;
        a=s.toCharArray();
        System.out.println("s="+s);
        System.out.println("s.length="+s.length());
        System.out.println(a);
        System.out.println("a.length="+a.length);
```

```
    for(int i=0;i<s.length();i++)
    System.out.println("s.charAt("+i+")="+s.charAt(i)+"\t"+"a["+
i+"]="+a[i]);
    }
}
```

【运行结果】

```
s=Kelly
s.length=5
Kelly
a.length=5
s.charAt(0)=K    a[0]=K
s.charAt(1)=e    a[1]=e
s.charAt(2)=l    a[2]=l
s.charAt(3)=l    a[3]=l
s.charAt(4)=y    a[4]=y
```

示例分析：从运行结果可以看出，字符数组可以通过数组名直接输出，也可以逐个元素输出。字符串可以直接输出，也可以通过方法 charAt 逐个字符输出。

解题思路

（1）声明一维数组，利用随机函数给数组元素赋值。

（2）定义变量 min 和 max，分别用于保存最小值和最大值，假定一开始最大值和最小值都是 a[0]元素。

（3）利用 for 循环，将 a[1] ~ a[9]元素逐一和 min、max 进行比较，一旦有更小或更大值，马上置换当前的最小、最大值。

（4）输出 max 和 min。

（5）声明一个二维数组 biAarry 并初始化。

（6）利用两重循环输出二维数组的各元素。

任务透析

```java
//任务一源代码：ClassDemo1Test.java
public class ClassDemo1Test{
    public static void main(String[] args) {
        //随机输入一个整数，计算一维数组中最大值、最小值
        int m=Integer.parseInt(args[0]);    //通过形参数组 args[0]元素接
                                            //收一个整数 m
        int a[]=new int[m];                  //构造一个有 m 个元素的一维数组 a
        System.out.println("随机生成的一维数组:");
        for(int i=0;i<m;i++)
        {
            a[i]=(int)(100*Math.random());
            System.out.println(a[i]+"  ");
        }
        int min,max;
        min=a[0];
        max=a[0];
```

```
    for(int i=1;i<m;i++)
    {
        if(a[i]<min)
            min=a[i];
        if(a[i]>max)
            max=a[i];
    }
    System.out.println("\n 此数组中最大值是: "+max);
    System.out.println("\n 此数组中最小值是: "+min);

    //定义并初始化二维数组 biAarry
    int[][] biAarry={{10,20},{3,4},{55,66},{41,42}};
    //打印 biAarry 数组元素的内容
    System.out.println("\n 二维数组 biAarry 的各个元素是: ");
    for(int i=0;i<4;i++)
    {
        for(int j=0;j<2;j++)
            System.out.print(biAarry[i][j]+"\t");
        System.out.println();
    }
  }
}
```

【运行结果】

如果在运行配置的 Arguments 参数中输入: 6

运行程序, 将 6 传递给 args[0], 屏幕输出结果如下:

```
随机生成的一维数组:
9   23  76  53  38  35
此数组中最大值是: 76
此数组中最小值是: 9
二维数组 biAarry 的各个元素是:
10  20
3   4
55  66
41  42
```

本任务中, 分别演示了一维数组和二维数组的使用。实际上, 在定义并初始化数组时, 也可以只给部分元素赋值, 没有赋值的元素默认值为 0。在定义数组大小时, 不管是直接指定大小还是通过形参数组 args[0]元素接收, 数组长度一旦定义好是不能修改的。如果想使用可变长数组可参考后面类集章节。

课堂提问

★ 在输出数组元素时, 能否不使用循环语句逐一输出元素, 而直接输出数组名呢?

★ 在任务中, 如果在求一维数组最大值和最小值的同时, 要求输出最大值和最小值元素的下标, 该如何实现?

现场演练

编程计算 1~9 的平方值，将结果保存在一个一维数组中。

知识链接

1. 字符串的常用操作

在 Java 中，通过 String 类来使用字符串，String 类中有很多成员方法，通过这些成员方法可以对字符串进行操作。

（1）访问字符串对象。下面介绍访问字符串对象的几个常用的成员方法。在以下介绍中，将使用字符串变量 str，其值为"I am a chinese."

① length()。方法 length()的功能是：返回字符串的长度，返回值的数据类型为 int。例如：

```
str.length()=15          //包括其中的 3 个空格和最后的句号
```

② char charAt(int index)。方法 charAt(int index)的功能是：返回字符串中第 index 个字符，即根据下标取字符串中的特定字符，返回值的数据类型为 char。例如：

```
str.charAt(0)           //值为 1
str.charAt(7)           //值为 c
```

可见最前面的一个字符的序号为 0。

③ int indexOf(int ch1)。方法 indexOf(int ch1) 的功能是：返回字符串中字符 ch1 第一次出现的位置，返回值的数据类型为 int。例如：

```
str.indexOf('a')        //返回值为 2，即 a 第一次出现的位置
```

④ int indexOf(String ch1,int index)。方法 indexOf(String ch1,int index) 的功能是：在该字符串中，从第 index 个位置开始，子字符串 ch1 第一次出现的位置，返回值的数据类型为 int。如果从指定位置开始，没有对应的子字符串，返回值为–1。例如：

```
str.indexOf('chi',0)    //返回值为 7，但 str.indexOf('chi',9) 的值为-1
```

⑤ subString(int index1,int index2)。方法 subString(int index1,int index2) 的功能是：在该字符串中，从第 index1 个位置开始，到第 index2–1 个位置的子字符串，返回值的数据类型为 String。例如：

```
str. subString(7,13)    //返回值为"chines"
```

如果将 index2 省略，返回值将从第 index1 个位置开始，直到结束位置的子字符串。

```
str. subString(7)       //返回值为"chinese."
```

（2）字符串比较。字符在计算机中是按照 Unicode 编码存储的。两个字符串的比较实际上是字符串中对应字符编码的比较。

两个字符串比较时，从首字符开始逐个向后比较对应字符。如果发现一对不同的字符，比较过程结束。该对字符的大小关系便是两个字符串的大小关系。只有当两个

字符串包含相同个数的字符，且对应位置的字符也相等（包括大小写），两个字符串才相等。

以下介绍中，使用字符串变量 str，其值为 "chinese"。

① equals(Object obj)。方法 equals(Object obj)的功能是：将该字符串与 obj 表示的字符串进行比较，如果两者相等，函数的返回值为布尔类型值 true，否则为 false。例如：

```
str.equals("Chinese")  //返回值为 false，因为大写 C 与小写 c 是不等的
str.equals("chinese")  //返回值为 true
```

② equalsIsIgnoreCase(String ch1)。方法 equalsIsIgnoreCase(String ch1) 的功能是：将该字符串与 ch1 表示的字符串进行比较，但比较时不考虑字符的大小写。如果在不考虑字符大小写的情况下两者相等，函数的返回值为布尔类型值 true，否则为 false。例如：

```
str. equalsIsIgnoreCase("Chinese")
//返回值为 true，因为该方法不考虑字符的大小写，即认为大写 S 与小写 s 是相等的
str.equals("chinesesss")                    //返回的值为 false
```

③ compareTo(String ch1)。方法 compareTo(String ch1) 的功能是：将该字符串与 ch1 表示的字符串进行大小比较，返回值的数据类型为 int。如果该字符比 ch1 表示的字符串大，返回正值；如果该字符比 ch1 表示的字符串小，返回负值；如果两者相等，返回 0。实际上，返回值的绝对值等于两个字符串中第一对不相等字符的 Unicode 编码的差值。例如：

```
Str.compareTo("astralian")        //返回值为正
Str.compareTo("Japanese")         //返回值为负
Str.compareTo("chinese")          //返回值为 0
```

示例 5：String 类部分方法使用。

```java
public class Example5 {
    public static void main(String[] args) {
        String str1="abc";
        String str2=str1;
        String str3="abc";
        String str4=new String("abc");
        String str5=new String("abc");
        //通过"=="号比较
        System.out.println("str1==str2\t\t"+(str1==str2));
        System.out.println("str1==str3\t\t"+(str1==str3));
        System.out.println("str1==str4\t\t"+(str1==str4));
        System.out.println("str4==str5\t\t"+(str4==str5));
        //通过"equals()"方法比较
        System.out.println("str1.equals(str2)\t"+str1.equals(str2));
        System.out.println("str1.equals(str3)\t"+str1.equals(str3));
        System.out.println("str1.equals(str4)\t"+str1.equals(str4));
        System.out.println("str4.equals(str5)\t"+str4.equals(str5));
```

```
        }
    }
```

【运行结果】

```
str1==str2           true
str1==str3           true
str1==str4           false
str4==str5           false
str1.equals(str2)    true
str1.equals(str3)    true
str1.equals(str4)    true
str4.equals(str5)    true
```

示例分析：在 Java 语言中，字符串的比较可以通过 "==" 或者 equals()方法完成，"==" 是比较两个对象的引用是否相同，而 equals()方法则是比较两个对象的内容是否相同。

2. 字符串数组

如果要表示一组字符串，可以通过字符串数组来实现。例如，要表示中国的 3 个直辖市的英文名称可以采用如下的字符串数组：

```
String[] str=new String[3];
String[0]= "Beijing";
String[1] ="Shanghai";
String[2]= "Tianjin";
```

示例 6：字符串数组应用。

```
public class Example6 {
    public static void main(String[] args) {
        int i;
        for(i=0;i<args.length;i++)
            System.out.println(args[i]);
    }
}
```

【运行结果】

在运行配置的 Arguments 参数中输入：aa bb cc，程序运行结果如下：

```
aa
bb
cc
```

示例分析：该程序的功能是通过循环语句逐个输出数组 args 各元素的值，即通过命令行输入的各参数。如果在命令行输入的命令为 "aa bb cc"（参数之间用空格隔开或用回车符隔开），第一个参数将被 args[0]接收，第二个参数将被 args[1]接收，依此类推。本例中，args[0]的值为"aa"，args[1]的值为"bb"，args[2]的值为"cc"。

任务二　方法的定义及使用

任务描述

利用方法调用，求 3 个整数的和。

必备知识

1. 方法的定义

方法是完成特定功能的、相对独立的程序段，与过去常说的子程序、函数等概念相当。方法一旦定义，就可以在不同的程序段中多次调用，故方法可以增强程序结构的清晰度，提高编程效率。

方法的基本组成部分包括：返回值、方法名、参数列表、方法主体。

[格式 3-1 方法定义]：

```
[修饰符]返回值类型　方法名称(类型 参数1,类型 参数2,…)
{
    程序语句;                    }程序主体
    return 表达式;
}
```

说明

（1）"返回值类型"是指调用方法之后返回的数值类型。

（2）"方法名"的作用是对具体的方法进行标识和引用。

（3）"参数列表"列出了想传递给方法的参数类型和名称；如果不需要传递参数到方法中，只要将括号写出即可，不必输入任何内容。

（4）"程序主体"定义了该方法将要完成的功能；如果方法没有返回值，return 语句则可省略，且"返回值类型"是 void 类型说明。

（5）"修饰符"可以是公共访问控制符 public、私有访问控制符 private、保护访问控制符 protected 等。

（6）在方法定义的时候，"方法名称"后面括号中的参数称为形参。

例如：定义计算 x 平方值的方法。

```
static int square(int x)
{
    int s;
    s=x*x;
    return(s);
}
```

2. 方法的调用

调用方法，即执行该方法。调用方法的形式如下：

（1）方法表达式。对于有返回值的方法作为表达式或表达式的一部分来调用，其形式为：

方法名([实际参数表])

说明

① "实际参数表" 是传递给该方法的各个参数，实际参数简称为实参。实参可以是常量、变量或表达式，相邻的两个实参之间用逗号分隔。

② 方法调用的过程是，将实参传递给形参，然后执行方法体，当被调方法运行结束后，从调用该方法的语句的下一句处继续执行。

③ 实参的个数、顺序、类型和形参要一一对应。

示例 7：以方法表达式方式调用方法。

```java
public class Example7 {
    static int square(int x)
    {
        int s;
        s=x*x;
        return(s);
    }
    public static void main(String[] args) {
        int n=3;
        int result=square(n);        //通过方法表达式 square(n)调用方法
        System.out.println("result="+result);
    }
}
```

【运行结果】

```
result=9
```

示例分析：在 main()方法中声明了变量 n，并为其赋整型值 3。调用方法 square(3)时，执行 square()的方法体，形参 x 的值由实参传递过来，x 的值为 3。执行 s= x*x 语句后，s 的值为 9。当执行到 return 语句时，方法 square()结束，并将返回值 9 赋给主调用方法 main()的变量 result，输出 result 的值。至于在 square()方法之前要加上 static 关键字，这是因为 main()方法是 static 方法，静态方法是不能调用非静态方法的，因此要把 square()方法声明成 static。发生方法调用时，程序流程会从主调方法跳到被调用的方法体里去执行，被调方法结束后再返回到主调方法的主调处的后继语句继续执行。

（2）方法语句。对无返回值的方法以独立语句的方式调用，其形式为：

方法名([实际参数表]);

示例 8：有参方法，以方法语句方式调用。

```java
public class Example8 {
    static void sum(int x,int y)
    {
        int s;
        s=x+y;
        System.out.println("s="+s);
    }
}
```

```
    public static void main(String[] args) {
        int a=5,b=10;
        sum(a,b);
    }
}
```

【运行结果】

```
s=15
```

示例分析：在 main()方法中，首先为变量 a 和 b 分别赋值 5 和 10，接着以 a 和 b 为实参，调用方法 sum()。

调用过程是：首先将实参 a 传递给形参 x，将实参 b 传递给形参 y，然后执行方法 sum()的方法体。当执行到 System.out.println("s="+s);时，方法运行结束，返回到调用该方法的 main()方法中。

示例 9：无参方法，以方法语句方式调用。

```
01    public class Example9 {
02      static void star()                      //star()方法
03      {
04          for(int i=0;i<20;i++)
05              System.out.print("*");          //输出 20 个星号
06          System.out.print("\n");
07      }
08      public static void main(String[] args) {
09          star();                             //调用 star()方法
10          System.out.println("I Like Java!");
11          star();                             //调用 star()方法
12      }
13    }
```

【运行结果】

```
********************
I Like Java!
********************
```

示例分析：本例声明了两个方法，分别为 main()方法和 star()方法。

在 main()方法的第 9 行调用 star()方法，此时程序的运行流程便会进到第 2 ~ 7 行的 star()方法里执行。执行完毕，程序返回 main()方法，继续运行第 10 行，输出 "I Like Java!" 字符串。

接着在第 11 行又调用 star()方法，程序再度进入第 2 ~ 7 行的 star()方法里执行。执行完毕，程序返回 main()方法，因 main()方法接下来已经没有程序代码可供执行，于是结束程序。

本例可以看出，无参方法调用时不需要实参，但是定义及调用时，方法名后的一对括号不能省略。

3. 参数传递

在调用一个带有形参的方法时，必须为方法提供实参，完成实参与形参的结合，称为参数传递，然后用实参执行所调用的方法体。

在 Java 中，参数传递以传值的方式进行，即将实参的值传递给形参，而不是将实参的地址传递给形参。在这种方式下，系统将要传送的变量复制到一个临时单元中，然后把临时单元的地址传送给被调用的方法，即系统为形参重新分配存储单元。由于被调用方法没有访问实参，因而在改变形参值时，并没有改变实参的值。

示例 10：参数传递应用。

```
01    public class Example10{
02        static void swap(int x,int y)
03        {
04            int temp;
05            System.out.println("Before swap:");
06            System.out.println("x="+x+"\ty="+y);
07            temp=x;
08            x=y;
09            y=temp;
10            System.out.println("After swap:");
11            System.out.println("x="+x+"\ty="+y);
12        }
13        public static void main(String[] args) {
14            int a=10,b=23;
15            System.out.println("Before Call:");
16            System.out.println("a="+a+"\tb="+b);
17            swap(a,b);
18            System.out.println("After Call:");
19            System.out.println("a="+a+"\tb="+b);
20        }
21    }
```

【运行结果】

```
Before Call:
a=10      b=23
Before swap:
x=10      y=23
After swap:
x=23      y=10
After Call:
a=10      b=23
```

示例分析：在 main()方法中，由于给 a 赋的值是 10，给 b 赋的值是 23，所以在第 16 行输出 "a=10 b=23"。

接着，在第 17 行调用 swap()方法，两个实参分别为 a 和 b。由于是传值，所以形参 x 和 y 重新分配存储单元，将实参 a 的值 10 传递给形参 x，将实参 b 的值 23 传递给形参 y。接着执行 swap()方法体，在第 6 行输出形参 x 和 y 的值，输出 "x=10 y=23"，通过第 7~9 行的语句，将形参 x 和 y 的值交换，所以 x 的值变为 23，y 的值变为 10。但是实参 a 和 b 的值没有发生任何变化。在第 11 行输出交换后的 x 和 y 的值，输出

"x=23 y=10",结束该方法的运行,系统收回为形参 x 和 y 分配的存储单元,返回到调用语句的下一句处,即第 18 行,继续 main()方法的运行,输出 a 和 b 的值,所以输出 "a=10 b=23"。

解题思路

（1）在 main()方法中声明所需的变量。

（2）要赋初始值的变量,先赋予它们初始值。

（3）方法调用。

（4）在 main()方法外定义调用的方法。

（5）输出所求的值。

任务透析

```
// 任务源代码 : ClassDemo2Test.java
01    public class ClassDemo2Test {
02    static int sum(int x,int y,int z)
03    {
04        int s;
05        s=x+y+z;
06        return(s);
07    }
08    public static void main(String[] args) {
09        int a=10,b=20,c=30;
10        int result=sum(a,b,c);
11        System.out.println("result="+result);
12    }
13    }
```

【运行结果】

result = 60

（1）在 main()方法第 9 行声明了 3 个整型变量 a，b，c，并分别赋予它们初始值为 10，20，30。在第 10 行通过 sum(a,b,c)调用方法 sum()，实参为 a，b，c，形参为 x，y，z。在 2~7 行执行方法 sum()，首先将实参 a 的值传递给 x，将实参 b 的值传递给 y，将实参 c 的值传递给 z，然后执行 sum()的方法体，求得 3 个整数的和为 60，将结果赋给 s，当执行 return 语句时，方法 sum()结束，返回值为 60，并回到调用该方法的赋值语句，即第 10 行，将返回值 60 赋给变量。最后执行输出语句，输出变量 result 的值。

（2）第 4~6 行的 3 个语句，可以简写为 return(x+y+z);语句，可达到同样效果。

（3）读者能否用方法语句的形式编程，达到同样效果？

现场演练

运用方法的知识，求三个整数的最大值。

知识链接

1. 递归

允许一个方法在自身定义的内部调用自己，这样的方法称为递归方法。

在编写递归方法时，只要知道递归定义的公式，再加上递归终止的条件即可很容易地写出相应的递归方法。

示例 11：采用递归方法求 n!。

根据阶乘的概念，可以写出其递归定义：

$$\begin{cases} fact(k)=1 & k=1 \\ k*fact(k-1) & k>1 \end{cases}$$

```java
public class Example11 {
    static long fact(int n)
    {
        //递归结束条件
        if(n==1)
            return 1;
        //递归过程
        else
        {
            long result=n*fact(n-1);
            return result;
        }
    }
    public static void main(String[] args) {
        int k;
        long f;
        k=Integer.parseInt(args[0]);
        f=fact(k);
        for(int i=1;i<=k;i++)
            System.out.println(i+"!="+f);
    }
}
```

【运行结果】

在运行配置的 Arguments 参数中输入：5。程序的运行结果如下：

```
1!=120
2!=120
3!=120
4!=120
5!=120
```

示例分析：在方法 fact() 的定义中，当 k>1 时，连续调用自身共 k-1 次，直到 n=1 为止。假设运行该程序段时，输入的整数是 5，求 fact(5) 的值变为求 5*fact(4)；求 fact(4) 又变为求 4*fact(3)；求 fact(3) 又变为求 3*fact(2)；依此类推，当 k=1 时，递归调用结束，其执行结果为：5*4*3*2*1，即 5!。

可以看到，将递归调用分解为两个阶段。

第一个阶段是"递推"，即将求 k!分解为求(k-1)!的过程，而(k-1)!仍然不知道，还要递推(k-2)!，依此类推，直到求 1!。由于 1!已经知道，其值为 1，不需要再递推。

第二个阶段是"回推"，从 1!（其值为 1）推算出 2!（其值为 2）推算出 3!（其值为 6），依此类推，直到求 5!（其值为 120）为止。

需要注意的是，要使递归方法在适当的时候结束，必须提供递归结束的条件。在该例子中，结束递归的条件是 fact(1)=1。

2. 方法重载

方法重载就是在同一个类中允许同时存在一个以上的同名方法，只要它们的参数个数或类型不同即可。在这种情况下，该方法就叫被重载了，这个过程称为方法的重载。

示例 12：方法的重载。

```java
public class Example12 {
    public static void main(String[] args) {
        int int_sum;
        double double_sum;
        int_sum=add(3,5);      //调用有2个参数的add方法，传入的数值为int类型
        System.out.println("int_sum=add(3,5)的值是: "+int_sum);
        int_sum=add(2,3,4);            //调用有3个参数的add方法
        System.out.println("int_sum=add(2,3,4)的值是: "+int_sum);
        double_sum=add(3.2,5.6);      //调用有2个参数的add方法，传入的数值
                                      //为double类型
        System.out.println("double_sum=add(3.2,5.6)的值是: "+double_sum);
    }
    public static int add(int x,int y)
    {
        return x+y;
    }
    public static int add(int x,int y,int z)
    {
        return x+y+z;
    }
    public static double add(double x,double y)
    {
        return x+y;
    }
}
```

【运行结果】

```
int_sum=add(3,5)的值是: 8
int_sum=add(2,3,4)的值是: 9
double_sum=add(3.2,5.6)的值是: 8.8
```

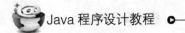

示例分析：本例中，add()方法被重载了 3 次，但每个重载了的方法所能接受参数的个数和类型不同。因此，方法重载的特点是：方法名称相同，但参数的类型或参数的个数不同。如果只是方法的返回值类型不一样，则不是方法重载。

任务三　数组的引用传递

任务描述

计算数组元素的平均值。

必备知识

1. 数组参数

在 Java 中，除了可以用基本数据类型作为方法调用的参数，还允许方法调用的参数是数组。在使用数组参数时，表示传递的是数组的引用（地址）。使用数组参数，要注意以下几点：

（1）在形参表中，数组名后的括号不能省略，括号个数和数组的维数相等。无须给出数组元素的个数。

（2）在实参表中，数组名后无须括号。

（3）数组名作实际参数时，传递的是地址，而不是值，即形参和实参指向相同的存储单元。

例如，定义以下方法 f：

```
void f(int a[])
{
    …
}
```

方法 f 有一个一维数组参数 a，在形参表中，只需列出数组参数 a 的名称以及后面的方括号。

如果已经定义了数组 b，可以通过以下语句调用方法 f：

```
f(b);
```

在调用该过程时，就将数组 b 传递给数组 a。由于是传址方式，所以将数组 b 的地址传递给数组 a，因而数组 a 和数组 b 共享同一存储单元。所以在方法 f()中，对数组 a 的某一元素值进行了更改，也是对数组 b 的元素进行了修改。当方法 f()结束后，数组 b 将修改的结果带回到方法调用处。

2. 示例——一维数组求最大值

示例 13：展示一维数组参数传递地址的特性。

```
01    public class Example13 {
02        public static void main(String[] args) {
03            int score[]={5,9,2,15,7};        //定义一个一维数组 score
```

```
04              largest(score);                    //调用largest(score)方法
05          }
06      static void largest(int scroe1[])    //定义largest()方法
07      {
08          int tmp=scroe1[0];
09          for(int j=0;j<scroe1.length;j++)
10              if(tmp<scroe1[j])
11                  tmp=scroe1[j];
12              System.out.println("数组中最大的数是: "+tmp);
13      }
14  }
```

【运行结果】

数组中最大的数是: 15

示例分析：在第 6~13 行定义了 largest()方法，并将一维数组 score 作为该方法的实参。该方法体的作用是找出数组的最大值并输出。

3. 示例——二维数组作形参

示例 14：展示二维数组参数传递地址的特性。

```
01  public class Example14 {
02      public static void main(String[] args) {
03          int A[][]={{50,40,30,20},{1,2,3,4}};    //定义一个二维数组 A
04          printf_mat(A);                //调用方法 printf_mat(A)
05      }
06      public static void printf_mat(int A1[][])    //定义 printf_mat()
07      {
08          for(int i=0;i<A1.length;i++)            //输出二维数组的值
09          {
10              for(int j=0;j<A1[i].length;j++)
11                  System.out.print(A1[i][j]+" ");
12              System.out.println();
13          }
14      }
15  }
```

【运行结果】

50 40 30 20
1 2 3 4

示例分析：在第 6~14 行定义了 printf_mat()方法，它可以接收二维数组，并利用两个 for 循环输出数组的值。

示例 15：返回数组的方法。

```
01  public class Example15 {
02      public static void main(String[] args) {
03          int A[][]={{10,20,30,40,50},{15,25,35,45,55}};
04          int Test[][]=new int[2][5];
05          Test=add(A);
06          for(int i=0;i<Test.length;i++){
07              for(int j=0;j<Test[i].length;j++)
```

```
08                    System.out.print(Test[i][j]+" ");
09          System.out.print("\n");
10          }
11      }
12      public static int[][] add(int arr[][])
13      {
14          for(int i=0;i<arr.length;i++)
15            for(int j=0;j<arr[i].length;j++)
16              arr[i][j]+=10;
17          return arr;
18      }
19  }
```

【运行结果】

```
20 30 40 50 60
25 35 45 55 65
```

示例分析：第 5 行中将一个二维数组传入 add()方法中，在第 12 行赋值 add()是可接收二维数组，且返回类型是二维的整型数组，第 16 行是完成了在循环内将数组元素值加 10 的操作，而运算之后的结果再由第 17 行的 return 语句返回。

如果方法返回整数，则必须在声明时在方法的前面加上 int 关键字。相反，如果返回的是一维的整型数组，则必须在方法的前面加上 int[]。若是返回二维的整型数组，则应加上 int[][]，依此类推。

解题思路

（1）在 main()方法中定义一维数组 test。
（2）用静态方式给它赋初始值。
（3）调用方法 arrayAverage(test)。
（4）在 main()方法外定义方法 arrayAverage()。
（5）输出所求的值。

任务透析

```java
// 任务源代码: ClassDemo3Test .java
public class ClassDemo3Test{
    public static void main(String[] args) {
        int test[]={2,4,6,8};
        System.out.println("Array test");
        for(int j=0;j<test.length;j++)
            System.out.print(test[j]+" ");
        System.out.println();
        System.out.println("Array test arryAverage");
        System.out.println(arrayAverage(test));
    }
    static float arrayAverage(int test1[])
    {
```

```
        float ave=0;
        for(int j=0;j<test1.length;j++)
            ave+=test1[j];
        ave=ave/test1.length;
        return ave;
    }
}
```

方法 arrayAverage 的形参是一维数组，其功能是计算该数组元素的平均值，并将所计算的平均值返回。在 main()方法中，通过 System.out.println(arrayAverage(test)) 语句，以数组 test 作为实参调用方法 arrayAverage()，计算并打印数组 test 各元素的平均值。

【程序运行结果】

```
Array test
2 4 6 8
Array test arryAverage
5.0
```

现场演练

已知一个二维整型数组 int C[][]={{1,2,3,4,5},{6,7,8,9,100}}，用数组参数传递地址的特性，将原数组中的各元素值乘以 2 并分行输出。

思 考 练 习

一、选择题

1. 数组用来存储一组的数据结构是（   ）。
   A. 不同类型数据   B. 整数类型数据
   C. 对象   D. 相同类型数据
2. 语句 int[] a=new int[100]的含义是（   ）。
   A. 数组 a 中的最大数是 100   B. 数组 a 的下标自 100 开始计数
   C. 数组 a 有 100 个整数   D. 数组 a 有 100 个自然数
3. 已知代码：

```
String greeting = "Hello";
String s = greeting.substring(0,3);
```

运行结果是（   ）。
   A. Hel   B. ell
   C. Hell   D. ello
4. 假设有 String a="A";char b='A';int c=65，下面选项中（   ）是正确的。
   A. if(a==b) {System.out.print("Equal")}   B. if(c==b) {System.out.print("Equal")}
   C. if(a==c) {System.out.print("Equal")}   D. if(c=b) {System.out.print("Equal")}

5. 下列语句正确的是（　　　　）。

　A. 形式参数可被视为 local variable

　B. 形式参数可被字段修饰符修饰

　C. 形式参数为方法被调用时真正被传递的参数

　D. 形式参数不可以是对象

二、填空题

1. 已知定义字符串 s，其格式为 String s=new String ("hello")。若要求出 s 的长度，应调用 String 类中的_____方法。

2. 如果要区分两个英文单词字符串 a 和 b 是否相等（而不计大小写）应该选用的方法是_____。

3. 已知代码：

```
String greeting ="Hello!";
Char a = greeting.charAt(4);
```

运行结果是_____。

4. 多个方法具有相同的名称而含有不同的参数时，便产生了_____。

5. 在定义一个方法时，一般都要指明该方法的返回值类型，如果它不返回任何值，则必须将其声明成_____类型。

三、读程序写结果

1. 以下代码段输出的结果是：_____。

```
int i=10, j=18, k=30;
switch( j - i )
{   case 8 : k++;
    case 9 : k+=2;
    case 10: k+=3;break;
    default : k/=j;
}
System.out.println("k="+k);
```

2. 阅读下列代码：

```
Public class Test
{
    Public static void main ( String args[] )
    {
        String s1= new String("hello");
        Stirng s2= new String("hello");
        Stirng s3= s1;
        System.out.println( s1 = =s2 );
        System.out.pirntln( s1 = = s3 );
    }
}
```

程序的运行结果为_____。

3. 运行下面代码，程序的运行结果是：_____。

```
class AreaC{
    static void area(int x,int y)
    {
        int s;
        s=x*y;
        System.out.println("s="+s);
    }
    public static void main(String args[])
    {
        int a=10,b=20;
        area(a,b);
    }
}
```

上机实训（三）

一、实训题目

数组和方法。

二、实训目的

（1）理解方法的定义、调用、参数传递和返回值。

（2）理解一维数组和二维数组的定义和元素的使用。

（3）理解数组参数。

（4）掌握用数组知识解决问题。

（5）掌握用方法知识解决问题。

三、实训内容

实训 1

用方法的知识编写程序：输入 3 个整数，输出其中的最小数。

实训 2

用数组和方法的知识编写程序：交换两个整数的值。

实训 3

编写方法测试所给年份是否是闰年。（请补充判断是否为闰年的方法）

实训 4

利用 for 语句和方法知识完成编程，输出如下图形：

```
        *
      *   *
    *   *   *
  *   *   *   *
*   *   *   *   *
```

实训 5

编写一个方法，用来计算以下多项式的和，并输出：

$$1 - \frac{1}{2} + \frac{1}{3} - \frac{1}{4} + \cdots - \frac{1}{50}$$

实训 6

编程对 10 个整数进行排序。

实训 7

写类 Count，定义三个同名的方法（即方法重载），分别完成计算两个整型数、两个浮点数和三个整型数的加法功能，并在 main 方法中实例化对象以调用各方法。

提示：

```
class Count
{
    int add(int x,int y)
    {…}
    float add(float x,float y)
    {…}
    int add(int x,int y,int z)
    {…}

}
```

四、实训报告要求

（1）源程序代码。

（2）测试数据和结果。

（3）实验心得与体会。

Teacher 类与对象的创建与使用 ≫

项目描述

　　类是面向对象程序设计的基本单位，类是由成员属性和成员方法组成的，类相当于模板，是不能直接使用的。因此，创建类之后还要创建类的对象。本项目通过 Teacher 类及其对象的创建，介绍封装、setter()和 getter()方法，以及构造方法的使用。

项目分解

　　本项目可分解为以下几个任务：
- Teacher 类的创建；
- 调用构造方法创建 Teacher 类对象；
- 使用 setter()和 getter()方法访问被封装属性。

📖 任务一　　Teacher 类的创建

💻 任务描述

　　创建一个 Teacher 类，包含的属性有"教工号""姓名""性别""基本工资"和"奖金"；包含方法：①打印基本信息；②计算"基本工资"和"奖金"的和。

🔍 必备知识

　　1. 面向对象与面向过程的区别

　　面向过程程序设计是基于功能分解的结构化程序开发过程，其对用户需求变化的适用性较差。而面向对象技术，是将客观世界中的一个事物看作一个对象。每个对象都有自己的属性和行为。面向对象的三大特征是封装、继承和多态。即使用户需求发生改化，采用面向对象技术也可以很好地适应用户需求的变化。除 Java 语言外，C++、C#等都是面向对象设计语言。

　　2. 类与对象的关系

　　类与对象是面向对象中最基本的概念。类是对客观世界某一类事物的描述，是抽象的，概念级的定义。而对象即个体，也称为实例。可以这样理解，类是对象的模板，对象是按照模板产生出来的实例。

3. 类的定义格式

类是由成员变量和成员方法组成的。成员变量是描述类的特征，又称属性，成员方法则是描述类的行为。类是用 class 关键字去定义的。

类的定义格式如下：

```
[格式 类的定义]
class  类名称{
    数据类型  成员变量 1;                    //声明成员变量 1
    数据类型  成员变量 2;                    //声明成员变量 2
        …
public  返回类型  方法名（参数列表）{        //声明成员方法
        语句 1;
        语句 2;
        …
    [return 表达式]
    }
}
```

说明

① 类名要遵循标志符的命名规则，并且每个单词首字母要大写。

② 在一个类中可包含多个成员属性和成员方法。

③ 类是不能直接使用的，需要有对象。

4. 成员变量和局部变量的区别

成员变量是指在类中方法以外定义的变量，而局部变量是在类的方法中定义的变量或方法中的参数。

两者的主要区别在于作用域不同，成员变量的作用域是整个类。局部变量作用域是定义它的方法内部。

示例 1：局部变量的作用域。

```java
public class Example1 {
    int sum;
    public  void method1(int x,int y)  {
        int  result = x + y;
        sum = result;
    }
    public  void method2(){
        int c;
        c = x;        //此行代码出错，不能使用 method1 方法的局部变量 x
        sum = 10;
    }
}
```

示例分析：在本例中，sum 是成员变量，它的作用域是整个类，所以在 method1() 和 method2() 两个方法中均可以使用。x、y 和 result 是 method1() 方法的局部变量，在 method2() 中使用了 x 是非法的。

示例 2：成员变量和局部变量同名的情况。

```
public class Example2 {
static int a = 3;
public static void main(String args[]) {
    int a = 200;
    System.out.println("a=" + a);
    }
    }
```

示例分析：本例的输出结果是 a=200。是因为当成员变量和局部变量同名时，在局部变量的作用域范围内成员变量被隐藏，即局部变量起作用。

解题思路

（1）用 class 关键字定义一个 Teacher 类。

（2）往 Teacher 类中添加属性：教工号 teacherId、姓名 name、性别 sex、基本工资 salary 和奖金 wage。

（3）往 Teacher 类中添加 print()和 total()方法，分别用于输出基本信息和求工资总和。

任务透析

```
// 任务源代码 : Teacher .java
package com;
class Teacher{
    String  teacherId;          //声明教工号属性
    String  name;               //声明姓名属性
    String  sex;                //声明性别属性
    float  salary;              //声明基本工资属性
    float wage;                 //声明奖金属性
    public void print(){        //定义 print 方法用于输出教工的基本信息
    System.out.println(" 教工号: "+ teacherId +", 姓名: "+name+",性
别:"+sex);
    }
    public float  total(){
     return  salary+wage;
    }
}
```

类名每个单词的首字符大写，其余字符小写。类体是定义在一对花括号里的内容。可同时定义多个具有相同类型的成员变量，成员变量之间用逗号分隔，如 float salary, wage。方法 print()前的修饰符 void 表示该方法不返回任何值，而 total()方法前的 float 表示该方法调用完毕会返回一个单精度的浮点数。

课堂提问

★ 面向对象的三大特征是什么？

★ 类与对象的关系？

★ 类的组成？

定义一个 Student 类，包含的属性有"学号""姓名"，以及"C 语言""计算机应用基础""英语"三门课程成绩，并声明一个求三门课程平均分的方法。

任务二　调用构造方法创建 Teacher 类对象

任务描述

声明一个测试类 ClassDemo1Test，在测试类中创建一个 Teacher 类的对象，对各成员属性进行初始化，并调用成员方法输出该对象的信息。

必备知识

在任务一中已经创建好一个 Teacher 类，要想使用一个类，必须要创建该类的对象。

1. 对象的创建格式

[格式　对象的创建]

格式一：

```
类名　对象名= null;          //声明对象
对象名= new 类名();          //实例化对象
```

格式二：

```
类名　对象名= new 类名();    //声明对象的同时实例化对象
```

示例 3：创建对象。

```
class Person{
    String  name;
    float  hight;
    public void smile( ){
      System.out.println("姓名: "+name+"身高"+hight);}
  }
public class Example3 {
  public static void main(String args[]){
    Person p1 = new Person();  //创建并实例化对象 p1
    Person p2 = new Person();  //创建并实例化对象 p2
  }
}
```

示例分析：本例在 main 方法中实例化了两个 Person 对象，对象名称为 p1、p2。其中，对象名称保存在栈内存中，对象的具体内容保存在堆内存中。new 关键字的作用是为对象开辟堆内存空间。内存分配如图 4.1 所示。

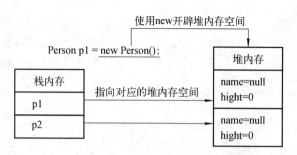

图 4.1 对象的实例化过程

2. 构造方法

构造方法就是类中名称和类名相同的方法。创建对象时，需要对对象中的变量、方法进行初始化操作，构造方法就是完成这个操作的方法。实际上，前面我们使用 new 关键字去实例化一个对象时，跟在 new 关键字后面的正是构造方法。

声明一个构造方法，要注意以下几点。

（1）构造方法名与类名相同。

（2）构造方法没有返回值，但也不同于 void 声明。

（3）构造方法的主要作用是对对象初始化。

（4）构造方法不能显式地直接调用。

（5）一个类中可以定义多个构造方法，即构造方法也是支持重载的，但各构造方法的参数表不能相同，即各构造方法的参数个数不同或参数类型不同。

3. 对象的使用

创建类的对象后，就可以使用对象访问属性或方法。

[格式 访问对象的成员]

访问成员变量：对象名.成员变量名。

访问成员方法：对象名.成员方法名([参数])。

4. 对象的引用传递

和数组一样，类属于引用数据类型。引用数据类型是指多个栈内存可以同时指向同一段堆内存空间。通过下面的例子来了解对象的引用传递。

示例 4：对象的引用传递，运行结果如图 4.2 所示。

```java
class Person{
    String name;
    float hight;
    public void smile( ){
        System.out.println("姓名: "+name+",身高:"+hight);
    }
}
public class Example4 {
    public static void main(String args[]) {
        Person p1 = new Person();    //创建并实例化对象p1
        p1.name = "Lily";            //为对象p1的name属性赋值
        p1.hight = 160;              //为对象p1的hight属性赋值
```

```
        System.out.print("p1 对象: ");
        p1.smile();                    //对象 p1 调用 smile 方法
        Person p2 = new Person();   // 创建并实例化对象 p2
        System.out.print("p2 对象: ");
        p2.name = "Jack";
        p2.hight = 180;
        p2.smile();
        System.out.println("执行改变引用的语句 p1=p2 后: ");
        p1 = p2;      //修改对象 p1 的堆内存指向，让它指向对象 p2 所指的堆内存空间
        System.out.print("p1 对象: ");
        p1.smile();
        System.out.print("p2 对象: ");
        p2.smile();
    }
}
```

图 4.2　示例 4 的运行结果

示例分析：本例分别为 Person 类的两个对象 p1、p2 的各属性赋初值，赋值情况如图 4.3（a）所示。当执行语句 p1 = p2 后，即让对象 p1 也指向 p2 所指，断开原来所指向的内存空间，如图 4.3（b）所示。

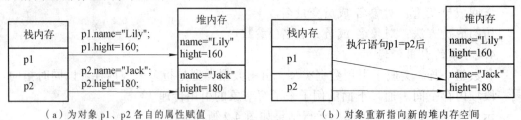

（a）为对象 p1、p2 各自的属性赋值　　　　　　　（b）对象重新指向新的堆内存空间

图 4.3　对象的引用传递

解题思路

（1）声明一个 public 的测试类 ClassDemo1Test。

（2）实例化一个 Teacher 类对象，并对其成员变量进行初始化。

（3）调用对象的成员方法，输出该教师对象的信息。

任务透析

```
    // 任务源代码：ClassDemo2Test .java
    package com;
```

```
  public class ClassDemo2Test {
public static void main(String args[]){
     double pay;
     Teacher t = new Teacher();
     t.teacherId = "112001";
     t.name = "梁宇轩";
     t.sex ="男";
     t.salary = -2500f;
     t.wage = 300f;
     t.print();
     pay = t.total();
     System.out.println("总工资为: "+pay);
   }
}
```

任务二的运行结果如图 4.4 所示。程序运行结果显示总工资为负数，这是由于赋予基本工资的初值为负数造成的，这显然是不合法的数据。为什么会出现这样的情况？该如何避免这种错误的发生呢？是因为在任务一中，Teacher 类的属性没有封装，可以被其他类直接访问。正确的做法是将要保护的属性私有化，即用关键字 private 修饰，增加一些方法来访问这些属性。

图 4.4　任务二的运行结果

课堂提问

★ 在定义构造方法时，能指定返回值类型吗？
★ 如果在类中没有显式地给出构造方法的定义，能实例化对象吗？
★ 构造方法重载时要注意什么问题？

现场演练

在任务一的的现场演练中已定义 Student 类，包含的属性有"学号""姓名"，以及"C 语言""计算机应用基础""英语"三门课程的成绩。在此基础上创建两个 Student 类的对象 s1 和 s2，并给各属性赋值。

知识链接

构造方法的重载

前面我们已经介绍了普通方法的重载，构造方法和普通方法一样，也是支持重载的，即一个类中可以定义多个构造方法，但参数个数或类型不同。当我们没有显示地给出构造方法时，系统会自动调用默认的构造方法，默认构造方法相当于没有任何内容的。当我们显示的声明构造方法时，系统会根据实例化对象时所提供的参数自动地去调用对应的构造方法。

示例 5：构造方法的重载，运行结果如图 4.5 所示。

```java
class Person {
    private  String name;
    private  float hight;
    public Person() {
        System.out.println("你好，我是无参构造方法！");
    }
    public Person(String name) {
        System.out.println("你好，我是带一个参数的构造方法！");
        this.name = name;
    }
    public Person(String name, float hight) {
        System.out.println("你好，我是带两个参数的构造方法！");
        this.name = name;
        this.hight = hight;
    }
    public void smile() {
        System.out.println("姓名：" + name + ",身高:" + hight);
    }
}
public class Example5 {
    public static void main(String args[]) {
        //调用无参构造方法 Person()声明并实例化对象 p1
        Person p1 = new Person();
        p1.smile();
        //调用带一个参数的构造方法 Person(String name)声明并实例化对象 p2
        Person p2 = new Person("杨磊");
        p2.smile();
        //调用两个参数的构造方法声明并实例化对象 p3
        Person p3 = new Person("何小倩", 160);
        p3.smile();
    }
}
```

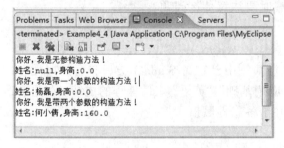

图 4.5 示例 5 的运行结果

示例分析：本例分别调用 3 个构造方法，实例化 3 个 Person 对象。从示例运行结果得知，当调用无参构造方法（即没有设置姓名和身高值），系统给它们赋予默认值。

任务三 使用 setter()和 getter()方法访问被封装属性

任务描述11

对 Teacher 类的所有属性进行封装，并为每个属性创建一对 getter()、setter()方法。通过 setter()方法对属性设置值及 getter()方法获取属性值。

必备知识

1. 封装的概念

封装包含两层含义：第一层是将类的属性和行为封装在一个类中，给外界提供访问属性的接口；第二层含义是将类的属性的访问权限用关键字 private 去修饰。用 private 修饰的属性只能在本类中访问，类以外是无法直接访问的，但可以通过类的公有方法去访问。

2. 封装的目的

封装的目的就是保护内容，保证某些属性或方法不被外部看见。

3. setter()和 getter()方法

被封装的属性是不能由对象直接访问的，只能通过 setter()和 getter()方法去访问。setter()方法是用于设置被封装属性的值；getter()方法是用于获取被封装属性的值。

4. 访问控制权限

（1）private：私有访问权限。使用私有访问控制符 private 定义的成员变量或成员方法，只能在声明它们的类中访问，不能在其他类中访问。

（2）protected：受保护访问权限。使用 protected 修饰的成员变量和成员方法叫做受保护变量和受保护方法。使用这个符号定义的方法和变量，可以在声明它们的类中访问，也可以被和本类在同一个包中的其他类所访问。或者在其他包中的子类访问，但不能被其他包中的非子类访问。

（3）默认访问权限。不使用任何修饰符的变量和方法叫作友好变量和友好方法，即默认的访问权限。默认访问权限的方法和变量，只能在定义它们的类中访问，或被和本类在同一个包中的类所访问。

（4）public 公共访问控制符。使用 public 修饰的成员变量和成员方法，可以在所有类中被访问，不管是否在同一个包中。

解题思路

（1）将 Teacher 类所有属性的访问权限修改为 private。

（2）对每一个属性创建一对 setter()、getter()方法，通过 setter 方法对属性设置值及 getter 方法获取属性值。

（3）要避免用户设置不合法的属性值，我们只需在 setter()方法中添加对属性值进行检查的功能即可。

任务透析

```java
// 任务源代码 :ClassDemo3Test.java
package cn;
class Teacher {
    private String teacherId;
    private String name;
    private String sex;
    private float salary;
    private float wage;
    public String getTeacherId() {
        return teacherId;
    }
    public void setTeacherId(String teacherId) {
        this.teacherId = teacherId;
    }
    public String getName() {
        return name;
    }
    public void setName(String name) {
        this.name = name;
    }
    public String getSex() {
        return sex;
    }
    public void setSex(String sex) {
        this.sex = sex;
    }
    public float getSalary() {
        return salary;
    }
    public void setSalary(float salary) {
        if (salary > 0)
            this.salary = salary;
    }
    public float getWage() {
        return wage;
    }
    public void setWage(float wage) {
        this.wage = wage;
    }
    public void print() {
```

```
            System.out.println("教工号: " + getTeacherId() + ", 姓名: "
            + getName()
                + ",性别:" + getSex());
        }
    public float total() {
        return getSalary() + getWage();
    }
}
public class ClassDemo3Test {
    public static void main(String args[]) {
        double pay;
        Teacher t = new Teacher();
        t.setTeacherId("112001");
        t.setName("梁宇轩");
        t.setSex("男");
        t.setSalary(-2500f);
        t.setWage(300f);
        t.print();
        pay = t.total();
        System.out.println("总工资为: " + pay);
    }
}
```

运行结果如图 4.6 所示。

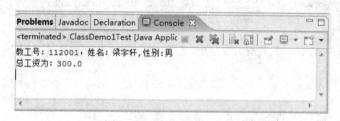

图 4.6 任务的运行结果

学习完本任务，同学们试思考下面几个问题。

1. 同学们试试能否使用对象直接去访问被封装的属性，如在 ClassDemo3Test 类中使用语句 t.salary=-2500f 正确吗？

2. 在 setSalary()方法中添加了对工资赋值进行检查，代码是如何处理工资初值为负数的情况的？

3. 使用 setter()方法对对象进行赋初值，当对象属性比较多时，会有两个问题：第一，要调用多个 setter()方法为每一个属性赋值，比较烦琐；第二，容易遗露某些属性。此时可使用构造方法来完成各属性赋值操作，参见示例 6。

示例 6：利用构造方法来完成对象各属性的赋值操作，运行结果如图 4.7 所示。

```
class Teacher {
```

```
        private String teacherId;
        private String name;
        private String sex;
        private float salary;
        private float wage;
        public Teacher() {
        }
        public Teacher(String teacherId, String name, String sex, float
        salary, float wage) {
            this.teacherId = teacherId;   //this 表示引用本类的属性 teacherId
            this.name = name;
            this.sex = sex;
            this.salary = salary;
            this.wage = wage;
        }
        public void print() {
            System.out.println("教工号: " + teacherId + ", 姓名: " + name   + ",
            性别:" + sex);
        }
        public float total() {
            return salary + wage;
        }
    }
public class Example6 {
    public static void main(String args[]) {
        Teacher t1 = new Teacher();
        t1.print();
        System.out.println("总工资为: " + t1.total());
        Teacher t2 = new Teacher("8001","吴肖肖","女",3000,1200);
        t2.print();
        System.out.println("总工资为: " + t2.total());
    }
}
```

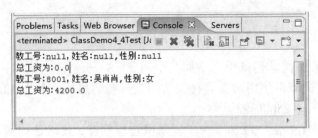

图 4.7　示例 6 的运行结果

示例分析：

1. 本案例存在两个构造方法，构造方法是允许重载的，但要求参数列表要有所不同，要么参数个数不同，要么参数类型不同。

2. 当用 new 关键字去调用无参构造方法时，对象 t1 的各项属性值均没有设置初始值，此时，系统赋予它们默认值。String 类型的默认值为 null，浮点类型的默认值为 0.0。对象 t2 是调用了带参构造方法，实际参数逐一传递给带参构造方法的各个形参，形参再将值赋给类中对应的成员属性。this 关键字表示调用本类属性。

课堂提问

★ 类的封装性包含的两层含义是什么？
★ 用 private 修饰的成员属性想在本类以外被访问，应该怎么做？

现场演练

对前面创建的 Student 类的所有属性进行封装，并为每个属性创建一对 getter()、setter()方法。调用 getter 和 setter 方法去访问封装的属性。

知识链接

匿名对象

匿名：没有名字。在 Java 中如果一个对象只使用一次，那么可以使用匿名对象。例如：

```
Person p = new Person();
p.shout();
```

可以将以上两行代码改为：

```
new Person().shout();
```

说明：不管是匿名对象还是一般对象，只有在堆内存里开辟了存储空间才能够使用。

1. Java 内存划分

Java 内存区域除了前面所提到的栈内存和堆内存之外，常用的还有全局数据区和全局代码区。对象名称存放在栈内存空间中，每个对象的具体属性存放在堆内存空间中。每个类对象拥有的属性个数和名称是一样的，但是不同的类对象占据独立的内存。静态变量（用 static 修饰的变量）保存在全局数据区中，方法是存放在全局代码区中，此区中的内容是所有对象共享的。

2. Java 垃圾回收机制

圾垃回收机制（Garbage Collection）简称 GC，是由 Java 虚拟机启动运行的。当某个对象的所有引用都为空时，该对象可视为垃圾对象回收对象。

思 考 练 习

一、选择题

1. 符合对象和类关系的是（　　　　）。

A. 人和老虎　　　　　　　　　B. 汽车和交通工具

C. 楼和土地　　　　　　　　　D. 书和笔

2. 以下关于构造方法的描述错误的是（　　　）。

    A. Java 语言规定构造方法名与类名必须相同

    B. Java 语言规定构造方法没有返回值，但不用 void 声明

    C. Java 语言规定构造方法不可以重载

    D. Java 语言规定构造方法只能通过 new 调用

3. 有一个类 Student，其构造方法的声明正确的是（　　　）。

    A. Student (int x){…}　　　　　　B. void Student (int x){…}

    C. void S( ){…}　　　　　　　　　　D. S(int x){…}

4. public class MethodOver{

    public void setVar(int a, int b, float c){}

       }

  以下 setVar 方法的重载（　　　）是不正确的。

    A. private void setVar(int a, float c, int b){}

    B. protect void setVar(int a, int b, float c){}

    C. public int setVar(int a, float c, int b){return a;}

    D. public int setVar(int a, float c){return a;}

5. 下面正确的是（　　　）。

    A. JVM 进行自动垃圾可以保证程序在运行时总不会内存溢出

    B. 对一个程序的垃圾回收是强制进行的

    C. 垃圾回收是程序启动运行的

    D. 当指向一个对象的所有引用都设置为 null 时，该对象为可收集垃圾对象

二、填空题

1. 面向对象的三大特征是：_____、_____、_____。

2. 通常情况下，类中的_____定义为 public，_____定义为 private。

3. 设 X 为已定义的类名，下列声明 X 类的对象 x 的语句是_____。

4. 下面是一个类的定义，试将其补充完整。

```
Class               {
    String  kind;
    String  color;
    double price;
    Car( String x,  _____ y, _____){
        kind = x ;
        color = y;
        price = z;
    }
}
```

5. 如下所示的 Apple 类中，共有_____个构造方法。

```
public class Apple{
    private int x;
```

```
    public Apple( ){
       x = 10;
    }
  public  void  Apple( float  f){
       this.x = (int)f;
  }
  public  Apple( int  a){
       x = a;
  }
}
```

三、读程序写结果

1. 以下代码输出结果是：_____。

```
public class Demo {
       static int a = 3;
       public static void method(){
           int a = 200;
       }
       public static void main(String args[]) {
           System.out.println("a=" + a);
       }
    }
```

2. 运行下面代码，得到的结果是：_____。

```
class MyClass1{
  void myMethod(char ch) {
        System.out.println("char version");
  }
  void myMethod(int s) {
     System.out.println("int version");
  }
  public static void main(String args[]){
     MyClass1 obj = new MyClass1();
     int t=97;
     obj.myMethod(t);
  }
}
```

3. 运行下面代码，得到的结果是：_____。

```
class Person1 {
    String name;
    int age;
    public Person1(String name, int age) {
        super();
        this.name = name;
```

```
            this.age = age;
        }
        public void prinf() {
            System.out.println("姓名: " + name + ",年龄: " + age);
        }
}
public class Myclass1 {
    public static void main(String args[]) {
        Person1 p1 = new Person1("张三", 18);
        Person1 p2 = new Person1("李四", 28);
        p2 = p1;
        p1.prinf();
        p2.prinf();
    }
}
```

4. 下面程序代码的结果是: _____。

```
public  class C1 {
    private  int age = 20;
    static Integer count = new Integer(0);
    public final int getAge(){
        return age;
    }
    public C1(){
        //System.out.println("不带参数的构造方法");
    }
    public C1(String str1 ){
        System.out.println("str1=" + str1);
        System.out.println("带参数的构造方法");

    }
    public static void main(String[] args){
        T1 t = new T1();
        t.t();
    }
}
class T1 {
    public void t(){
        C1 c = new C1();
        System.out.println(c.getAge());
        C1 c2 = new C1("tom");
        //System.out.println(c.age);
    }
}
```

上机实训（四）

一、实训题目

面向对象程序设计之封装。

二、实训目的

1. 理解对象的产生过程。

2. 理解封装，学会按要求封装程序。

3. 掌握构造方法的定义及使用。

三、实训内容

实训 1

（1）定义一个水果类，包含的属性有"水果名""产地""价格"等，定义 getInfo() 方法将水果的所有的信息打印出来。

（2）在 main()方法中实例化两个水果类对象，分别给该对象的属性赋值，分别调用各对象的 getInfo()方法。

实训 2

1. 写类 Student 具有 private 的属性：name、sex、age 等；public 的方法两个：setInfo()和 getInfo()。

2. 通过 setInfo()方法对 Student 的属性进行赋值。

3. 通过 getInfo()方法对信息进行提取（将信息打印出来）。

实训 3

1. 修改实训 2 的程序，将 setInfo()方法改为构造方法。

2. 实例化 Student 类，在实例化对象的时候对构造方法进行参数传递。

3. 调用 getInfo()方法对信息进行提取。

四、实训报告要求

1. 源程序代码。

2. 测试数据和结果。

3. 实验心得与体会。

类的继承与多态 «

项目描述

类的封装、继承与多态是面向对象的三大特征。类的封装我们前面已经介绍了，本项目是通过 Person 类及其子类的创建，介绍类的继承及多态的使用。

项目分解

本项目可分解为以下几个任务：

- 类的继承；
- 进一步学习继承；
- 类的多态；
- 进一步学习多态。

任务一　类　的　继　承

任务描述

定义一个父类 Person，包含的属性有 "id" 和 "姓名"，有 "说话" 方法，用于输出 id 和姓名信息；定义 Person 类的两个子类 Teacher 类和 Student 类，在两个子类中有一个 introduction 方法，介绍自己是教师还是学生，并输出自己的 id 和姓名。

必备知识

1．继承的概念

继承是指由现成的类产生新的类。被继承的现成类称为父类或超类，新产生的类称为子类或派生类。通过继承机制，子类继承了父类的成员属性和成员方法，并且可以定义自己新的成员属性和方法，也可以对父类的成员变量或方法进行修改，使类的功能得以扩充。

2．继承的作用

什么时候需要使用继承呢？当两个类拥有相同的方法或属性，即两个类存在重复代码，此时代码设计要遵循 "一次编写，仅编写一次" 的原则。使用继承可以解决代码重复的问题。

示例 1：创建一个 Teacher 类，具有 id 和姓名属性，具有"说话"方法；创建一个 Student 类，具有 id 和姓名属性，并具有"说话"方法。

```
class Teacher{
    private String  id;     //声明id属性
    private String  name;   //声明姓名属性
    public Teacher(String id, String name){ // 构造方法,对各属性赋初值
        this.id = id;
        this.name = name;
    }


    public void say(){  //定义say()方法,输出信息
        System.out.println("大家好! 我是一名教师。");
        System.out.println("Id: "+ id +", 姓名: "+name);
    }
}

class Student{
    private String  id;          //声明id属性
    private String  name;        //声明姓名属性
    /*
    *构造方法, 对各属性赋初值
    */
    public Student(String id, String name) {
        this.id = id;
        this.name = name;
    }

    public void say(){   //定义say()方法,输出信息
        System.out.println("大家好! 我是一名学生。");
        System.out.println("Id: "+ id +", 姓名: "+name);
    }
}
```

示例分析：在本例中，我们发现 Teacher 类和 Student 类中存在大量相同的代码，此时违背了面向对象编程的"一次编写"的重要原则。要避免重复代码的出现，我们要使用继承。如何使用继承呢？请看继承的实现部分。

3. 继承的实现

在 Java 中类的继承格式如下：

[格式　类的继承格式]

```
class  父类{ … }      // 定义父类
class  子类 extends 父类{ … } // 用 extends 关键字实现类的继承
```

下面，对示例 1 进行整改，即为 Teacher 类和 Student 类抽象出一个父类 Person，在 Person 类中实现 Teacher 类和 Student 类的共同属性和方法。Teacher 类和 Student 类在继承 Person 类的基础上，增加自己的属性和方法，完成类的设计。

示例 2：创建一个 Person 类，具有 id 和姓名属性，并具有说话方法。分别创建

继承于 Person 类的子类 Teacher 类和 Student 类，在两个子类中不添加代码，观察代码运行结果。运行结果见图 5.1。

```java
package com;
class Person {
    private String id; // 声明 id 属性
    private String name; // 声明姓名属性

    public String getId() {
        return id;
    }

    public void setId(String id) {
        this.id = id;
    }

    public String getName() {
        return name;
    }

    public void setName(String name) {
        this.name = name;
    }

    public void say() { // 定义 say()方法,输出信息
        System.out.println("Id: " + id + ", 姓名: " + name);
    }
}

class Teacher extends Person { // Teacher 类继承 Person 类

}

class Student extends Person {

}

public class Example1 {
    public static void main(String args[]) {
        Teacher teacher = new Teacher();
        teacher.setId("116");
        teacher.setName("林小蕾");
        teacher.say();
        Student stu = new Student();
        stu.setId("301");
        stu.setName("张俊");
        stu.say();
    }
}
```

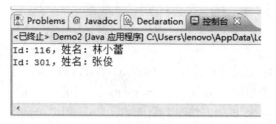

图 5.1 示例 2 的运行结果

示例分析：从本示例运行结果发现，在子类中不添加任何代码，子类能直接使用父类的方法，这就是继承的魅力。但是在父类方法中仅仅输出了对象的 id 和姓名，如果希望在 Teacher 类中输出"大家好！我是一名教师。"，在 Student 类中输出"大家好！我是一名学生。"，那么就要在两个子类中分别添加自己的代码，展性自己的特性。

示例 3：创建一个 Person 类，具有 id 和姓名属性，并具有说话方法。分别创建继承于 Person 类的子类 Teacher 类和 Student 类，在子类中分别定义一个自我介绍的方法,方法输出自己的身份和基本信息。

```java
class Person {
    private String id; // 声明 id 属性
    private String name; // 声明姓名属性
    public Person(String id, String name) { // 构造方法，对各属性赋初值
        this.id = id;
        this.name = name;
    }

    public void say() { // 定义 say()方法,输出信息
        System.out.println("Id: " + id + ", 姓名: " + name);
    }
}


class Teacher extends Person { // Teacher 类继承 Person 类
    public Teacher(String id, String name) {
        super(id, name); // 调用父类的构造方法
    }

    public void introduction() {
        System.out.println("大家好! 我是一名教师。");
        super.say(); // 调用父类的 say 方法，输出基本信息
    }
}


class Student extends Person {
    public Student(String id, String name) {
        super(id, name); // 调用父类的构造方法
    }

    public void introduction() {
        System.out.println("大家好! 我是一名学生。");
```

```
        super.say(); // 调用父类的say()方法，输出基本信息
    }
}
```

示例分析：本示例先定义一个父类 Person，在 Person 类中定义了 "id" 和 "name" 属性，还定义了一个带参构造方法 Person(String id, String name)，其作用是为属性赋初值，另外还定义了一个 say()方法，用于输出 "id" 和 "name" 信息。

接着，定义了继承于 Person 类的两个子类——Teacher 类和 Student 类。子类自动继承父类 Person 的属性和方法（不继承父类的构造方法）。在子类中定义 introduction()方法，此方法有两条语句，第一条语句是介绍自己的特性，第二条语句是通过调用了父类的 say()方法输出共性的东西。从本示例可知，子类继承父类，可以扩展已有类的功能。

解题思路

（1）定义一个父类 Person 类，定义 id 和姓名属性，定义带参构造方法以及说话的方法。说话方法用于输出两个子类共同的属性。

（2）分别定义两个子类 Teacher 类和 Student 类，添加带参构造方法。在子类的方法体中调用父类的方法。若要调用父类的构造方法，可在子类的构造方法中使用 super(参数列表)调用父类的构造方法。

（3）声明一个测试类，利用带参构造方法分别实例化一个 Teacher 类和 Student 类对象。分别调用父类的方法，输出对象的信息。

任务透析

```java
// 任务源代码：ExtDemo1Test.java
package com;
class Person {
    private String id; // 声明id属性
    private String name; // 声明姓名属性
    public Person(String id, String name) { // 构造方法，对各属性赋初值
        this.id = id;
        this.name = name;
    }

    public void say() { // 定义say()方法,输出信息
        System.out.println("Id: " + id + ", 姓名: " + name);
    }
}

class Teacher extends Person { // Teacher 类继承 Person 类
    public Teacher(String id, String name) {
        super(id, name); // 调用父类的构造方法
    }

    public void introduction() {
        System.out.println("大家好! 我是一名教师。");
        super.say(); // 调用父类的 say 方法
```

```
        }
    }

class Student extends Person {
    public Student(String id, String name) {
        super(id, name); // 调用父类的构造方法
    }

    public void introduction() {
        System.out.println("大家好！我是一名学生。");
        super.say(); // 调用父类的say方法
    }
}

public class ExtDemo5_1Test {
    public static void main(String args[]) {
        Teacher teacher = new Teacher("116", "林小蕾");
        Student stu = new Student("301", "张俊");
        teacher.introduction();
        stu.introduction();
    }
}
```

运行结果如图 5.2 所示。

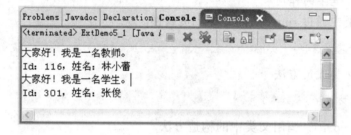

图 5.2　任务的运行结果

本任务案例中先定义一个 Person 类作为父类，定义该类的 "id" 和 "name" 属性，并定义带参构造方法及 say()方法。say()方法用于输出两个子类共同的信息。在子类 Teacher 类和 Student 类中自动继承了父类 Person 类的 "id" 和 "name" 属性，两个子类的构造方法中使用 super 关键字去调用父类的构造方法，并各自定义一个 introduction()方法，方法中调用了父类的 say()方法，达到代码重用的目的。另外还在 introduction()方法中添加各自不同的输出信息。

从本任务案例可知，继承的实际应用是，当两个或多个类具有相同的属性或方法时，为避免代码重复，应先抽取出一个类作为父类，子类在继承父类的基础上，可以扩展自身的功能。

课堂提问

★　什么时候需要使用继承？

★　如何实现继承？

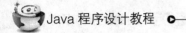

★ this 和 super 关键字的作用是什么?

现场演练

模仿任务:设计一个类 Book,有属性 bookName、bookPrice、author(作者)、number(订购数目),有方法 getBookInfo(),获取书的各种信息;写类 XiaoShuo(小说)继承 Book,有属性 renWu(人物),有方法 getBookKind()方法,在该方法中打印出所属类别,并调用父类的 getBookInfo()方法用于输出小说的各种信息;写类 JiaoCai(教材)继承 Book,有属性 keMu(科目),有方法 getBookKind()方法,在该方法中打印出所属类别,并调用父类的 getBookInfo()方法用于输出教材的各种信息。

知识链接

1. this 关键字的作用

(1)使用 this 引用当前对象的成员属性。

```
this.成员属性
```

(2)强调是本类的成员方法。

```
this.成员方法名(参数表)
```

(3)this 关键字强调是当前对象。

2. super 关键字的作用

(1)在子类中通过 super 访问父类成员属性。

```
super.成员变量名
```

(2)调用父类成员方法

```
super.成员方法名(参数表)
```

(3)利用 super(),调用父类中的构造方法。

```
super(参数表)
```

3. Object 类

在 Java 中,定义有一种特殊的类 Object,其他所有的类都是 Object 的子类。也就是说,Object 是所有对象引用继承层次结构的根。

4. Java 只支持单继承

Java 只支持单继承,不能使用多重继承,即一个类只能继承另一个类,不允许一个类同时继承两个或以上的类。但是,Java 允许多层继承,即一个类可以继承某一个类的子类。

例如:

```
class X{}
class Y{}
class Z extends X,Y{ }
```

以上代码是错误的,即 Z 类不能同时继承于 X 和 Y 类。

正确的代码如下所示：

```
class X{}
class Y extends X{}
class Z extends Y{ }
```

即 Y 继承 X，Z 继承 Y。

任务二　进一步学习继承

任务描述

　　为子类 Teacher 添加一个无参构造方法，并在父类 Person 中也添加一个无参的构造方法。在各自的构造方法中输出一句提示，观察父类和子类构造方法的调用关系及顺序。并为父类 Person 的每一个属性添加一个 setter()和 getter()方法，调用 setter()和 getter()方法为子类的实例对象赋值。

必备知识

　　1. 子类实例化过程

　　子类对象在实例化时是先调用父类中的构造方法，然后再调用子类自己的构造方法。

　　2. 使用 setter 和 getter 方法访问父类的私有属性

　　当父类中的成员属性是用关键字 private 修饰时，其子类是不能直接访问这些属性的。在任务一中，我们是通过调用父类的带参构造方法来给这些属性赋值的。除了可使用带参的构造方法给属性设置初值外，子类的实例对象还可以通过 setter()和 getter()方法来访问父类中的私有属性。

　　示例 4：为子类 Teacher 添加一个无参构造方法，并在父类 Person 中也添加一个无参的构造方法。在各自的构造方法中输出一句提示，观察父类和子类构造方法的调用关系及顺序。运行结果如图 5.3 所示。

```
class Person { // 定义一个父类 Person
    private String id; // 声明 id 属性
    private String name; // 声明姓名属性

    public Person() {
        super(); // 此处的 super 指的是所有类的父类，顶层的 Object
        System.out.println("你好，我是父类 Person 的无参构造方法!!!");
    }
}

class Teacher extends Person { // 定义一个子类 Teacher, 继承于类 Person
    public Teacher() {
        super();// 此处 super 关键字的作用是调用父类 Person 的无参构造方法
        System.out.println("你好，我是子类 Teacher 的无参构造方法!");
    }
```

```
    }

public class Example5_4 {
    public static void main(String[] args) {
        Teacher t = new Teacher();
    }
}
```

示例分析：从本示例运行结果可知，虽然实例化的是子类对象，但事实上，在实例化子类对象时是先调用父类中的构造方法的，然后再调用子类自己的构造方法。

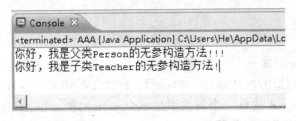

图 5.3　示例 4 的运行结果

解题思路

（1）在子类 Teacher 中添加一个无参构造方法，并在该构造方法中输出一句提示"你好，我是子类 Teacher 的无参构造方法！"

（2）在父类 Person 中添加一个无参构造方法，并在该构造方法中输出一句提示"你好，我是父类 Person 的无参构造方法！！！"

（3）在父类 Person 中为属性 id 和 name 添加一对 setter() 和 getter() 方法。

（4）声明一个测试类，利用无参构造方法实例化一个 Teacher 子类对象，调用父类的 setter() 和 getter() 方法。观察程序输出结果。

任务透析

```
// 任务源代码 : ExtDemo2Test .java
package com;
class Person { // 定义一个父类 Person
    private String id; // 声明 id 属性
    private String name; // 声明姓名属性

    public String getId() {
        return id;
    }

    public void setId(String id) {
        this.id = id;
    }

    public String getName() {
        return name;
    }
```

```
    public void setName(String name) {
        this.name = name;
    }

    public Person() {
        super();  // 此处的 super 指的是所有类的父类，顶层的 Object
        System.out.println("你好，我是父类 Person 的无参构造方法!!!");
    }
}

class Teacher extends Person { // 定义一个子类 Teacher，继承于类 Person
    public Teacher() {
        super();
        System.out.println("你好，我是子类 Teacher 的无参构造方法!");
    }
}

public class ExtDemo2Test {
    public static void main(String[] args) {
        Teacher t = new Teacher();
        t.setId("2011007");
        t.setName("何小倩");
        System.out.println(" 我 的  Id  是：  "+t.getId()+" 我 的 名 字 是:
"+t.getName());
    }
}
```

运行结果如图 5.4 所示。

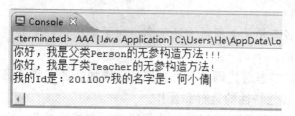

图 5.4 任务的运行结果

　　无参构造方法是可以不必显式给出的，本案例显式给出子类和父类的无参构造方法，目的是让大家了解创建子类对象时调用构造方法的顺序和情况。对于带参构造方法的情况和无参构造方法一样，同学们可自行实验。对于父类中被保护的属性（用 private 关键字修饰）其子类不能直接访问，也要通过公有的方法进行访问。

课堂提问

★ 构造方法的作用是什么？

★ 构造方法能重载吗？

★ 如果在父类和子类中都显式地给出构造方法的定义，在生成子类对象时，会自动调用父类的构造方法吗？

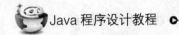

现场演练

在父类 Book 中添加一个无参的构造方法，为子类 XiaoShuo（小说）添加一个无参构造方法，并在各自的构造方法中输出一句提示，观察父类和子类构造方法的调用关系及顺序。并为父类 Book 的每一个属性添加 setter() 和 getter() 方法，调用 setter() 和 getter() 方法为子类的实例对象赋值。

任务三　类 的 多 态

任务描述

在任务二的基础上，在父类 Person 中添加一个 run() 方法，在子类 Teacher 中定义和父类相同名字的 run() 方法。在测试类中，分别生成子类 Teacher 和父类 Person 的实例对象，并利用各自的实例对象去调用同名方法 run()，观察运行结果。

必备知识

1. 多态的概念

多态性是面向对象程序设计的重要特征之一。多态性是指同一个方法名可以有不同的实现体，即不同的方法体。

在 Java 语言中通过以下两种方式来实现多态性：

（1）方法重写（又称覆写或覆盖）;

（2）方法重载。

2. 多态的作用

（1）接口性。多态是父类通过方法签名，向子类提供一个共同接口，由子类来完善或覆盖它而实现的。

（2）可扩充性。多态对代码具有可扩充性。增加新的子类不影响已存在类的多态性、继承性，以及其他特性的运行和操作。

（3）简化性。多态简化对应用软件的代码编写和修改过程，尤其在处理大量对象的运算和操作时，这个特点尤为突出和重要。

（4）灵活性。它在应用中体现了灵活多样的操作，提高了使用效率。

总而言之，多态是为了实现接口重用，使用对象多态性，可提高代码的可维护性和可扩展性。

3. 多态的实现

（1）方法重写。

① 重写是发生在继承关系的两个类中，当一个类继承了另一个类，就可以在子类中定义一个与父类中的方法同名的方法，子类中的这个方法就是对父类同名方法的重写，用以实现父类方法所不能实现的功能。

② 重写是子类中的方法对父类中已有的方法进行重新定义。

③ 子类中重写的方法与父类的方法在返回类型、方法名、参数列表上必须完全相同。而且在子类中重写的方法权限必须大于或等于父类中方法的访问权限。

④ 当以子类的对象调用与父类同名的方法时，会直接找到子类的方法，而不是父类的同名方法，当发现子类中不存在这个方法时，才会调用父类中的同名方法。

（2）方法重载。方法重载我们在项目三中已经学习过。方法重载是发生在同一个类中，即在同一个类中存在几个同名方法，方法参数类型或个数有所区别。如果参数类型和个数完全一样，只是方法返回类型不同，不属于重载。

解题思路

（1）在父类 Person 中添加一个 run()，在该方法中输出一句提示"我是父类 Person 的 run()方法！"。

（2）在子类 Teacher 中定义一个和父类的方法 run()，在该方法中输出一句提示"我是子类 Teacher 的 run()方法！"。

（3）声明一个测试类，分别生成子类 Teacher 和父类 Person 的实例对象，并利用各自的实例对象去调用同名方法 run()，观察程序输出结果。

任务透析

```java
// 任务源代码：ExtDemo3Test.java
package com;
class Person { // 定义一个父类 Person
    private String id; // 声明 id 属性
    private String name; // 声明姓名属性

    public Person(String id, String name) {
        super();
        this.id = id;
        this.name = name;
    }

    public void say() {
        System.out.println("我是父类 Person 的 say()方法,我的 Id 是: " + id
+ ", 我的名字叫: " + name);
    }

    public void run() {
        System.out.println("我是父类 Person 的 run()方法! ");
    }
}

class Teacher extends Person { // 定义一个子类 Teacher,继承于类 Person
    public Teacher(String id, String name) {
        super(id, name);
    }

    public void run() {
```

```
            System.out.println("我是子类 Teacher 的 run()方法! \n");
        }
    }

public class ExtDemo3Test {
    public static void main(String[] args) {
        Teacher t = new Teacher("2014013","文静");
        t.say(); //在父类中定义了 say()方法，子类中没有定义该方法，则子类对象会调
        //用父类的该方法。
        t.run(); //在子类中重写了父类的同名方法，那么子类对象调用的是自己的方法。
        Person p = new Person("2002135","雷蕾");
        p.run();
    }
}
```

运行结果如图 5.5 所示。

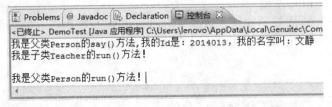

图 5.5　任务的运行结果

在本任务案例中，在父类 Person 中定义了两个方法 say()和 run()，在子类 Teacher 中重写了父类的同名方法 run()。当子类对象调用 say()方法时，首先在子类 Teacher 中查找此方法，发现子类 Teacher 中没有此方法，因此调用的是父类的 say()方法；当子类对象调用的是在子类中进行了重写的方法 run()时，调用的是子类中的 run()方法。

而父类对象调用 run()方法时，调用的是父类 Person 自己的方法，因为重写是指子类对父类同名方法的重新定义，反之不成立。

课堂提问

★　如何实现多态？

★　方法重载和方法重写的主要区别是什么？

现场演练

设计一个类 Book，有属性 bookName，bookPrice，author（作者），number（订购数目），有方法 getBookInof()，获取书的各种信息；写类 XiaoShuo（小说）继承 Book，有属性 renWu（人物）；重写父类方法 getBookInfo()，用来打印出小说的各种信息；写类 JiaoCai（教材）继承 Book，有属性 keMu（科目），重写抽象方法 getBookInfo()，用于输出教材的各种信息。

知识链接

final 关键字的作用

1. final 关键字修饰的类是不能被继承的。

2. final 关键字修饰的方法是不能被重写的。

3. final 关键字修饰的量是常量。

任务四 进一步学习多态

任务描述

在任务一教师类和学生类的的基础上，开发一个学校人员身份确认类，对各成员的自我介绍内容进行确认。同时，增加一个行政人员类型，该类型人员同样是有一个自我介绍的方法，介绍自己是行政人员，并输出自身的 id 和姓名信息。

必备知识

在讲述新的知识点之前，我们先来看两个示例。

示例 5：在示例 3 基础上，添加一个学校人员身份确认类，对教师和学生的自我介绍进行确认。

```
package com;
class IdentityConfirm {
    public void confirm(Teacher t) { // 对教师身份进行确认
        t.introduction();
    }

    public void confirm(Student s) { // 对学生身份进行确认
        s.introduction();
    }
}

public class Example5 {
    public static void main(String args[]) {
        Teacher teacher = new Teacher("116", "林小蕾");
        Student stu = new Student("301", "张俊");
        teacher.introduction();
        stu.introduction();
    }
}
```

示例分析：本示例中增加了一个身份确认类 IdentityConfirm，在该类中有两个重载的方法 confirm，其作用是通过调用教师和学生各自的自我介绍内容对其身份进行确认。因此两个 confirm 方法的形式参数类型分别是 Teacher 类和 Student 类，分别用于接收 Teacher 类和 Student 类的实例对象。

另外，本示例和任务一(ExtDemo1Test.java)位于同一个包中，本示例中直接使用 ExtDemo1Test.java 中定义的 Teacher 类和 Student 类。包的知识在项目六中会详细介绍。

示例 6：在示例 5 的基础上，再增加一种行政人员类型，此类型包含的属性有 id 和姓名，包含的一个自我介绍方法，运行结果如图 5.6。

```java
package com;
class AdministrationStaff extends Person {  // 定义 Person 类的子类
AdministrationStaff

    public AdministrationStaff(String id, String name) {
        super(id, name);  // 调用父类的构造方法
    }

    public void introduction() {//重写父类的 introduction()方法
        System.out.println("大家好! 我是一名行政人员。");
        super.say();
    }
}
class IdentityConfirm {
    public void confirm(Teacher t) {  // 对教师身份进行确认
        t.introduction();
    }

    public void confirm(Student s) {  // 对学生身份进行确认
        s.introduction();
    }

    public void confirm(AdministrationStaff a) {  // 对行政人员身份进行确认
        a.introduction();
    }
}

public class Example6 {
    public static void main(String args[]) {
        Teacher teacher = new Teacher("116", "林小蕾");
        Student stu = new Student("301", "张俊");
        teacher.introduction();
        stu.introduction();
        AdministrationStaff ad = new AdministrationStaff("352","刘美美");
        ad.introduction();
    }
}
```

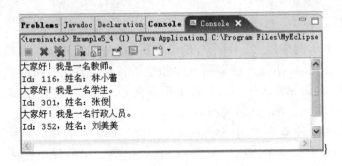

图 5.6　示例 6 的运行结果

示例分析：由于本示例增加了一个行政人员类型，所以在 IdentityConfirm 身份确认类中需要增加一个 confirm(AdministrationStaff a)方法，如果要继续增加新的人员类型，那么还需要继承修改 IdentityConfirm 类，这种需要不断修改代码来满足需求的方式，说明代码的可维护性和可扩展性不佳。这时，我们可使用对象的多态性，以提高代码的可维护性和可扩展性。

1. Java 多态存在的三个必要条件

（1）有继承关系的存在。

（2）有方法的重写。

（3）有父类的引用指向子类对象。

2. 对象多态的两种类型

对象多态的两种类型是：对象的向上转型和向下转型。

（1）向上转型：向上转型是指将子类的对象赋值给父类的引用，向上转型是系统自动完成的。

（2）向下转型：向下转型是指将父类的对象赋值给子类的引用。在进行向下转型前，要先把一个对象向上转型。如果直接生成一个父类的对象，进其向上转型，这是错误的。

注意：如果两个没有继承关系的对象之间执行转型操作，则会出现异常。

3. 对象转型格式

[格式　对象的向上转型格式]

例如：

```
父类 父类对象 = 子类实例
Student s = new Student();
Person p = s;
[格式　对象的向下转型格式]
子类 子类对象 = （子类）父类实例
```

例如：

```
Student s = new Student();
Person p = s;
Student ss = (Student)p;
```

解题思路

（1）在子类 Teacher 类、Student 类和 AdministrationStaff 类中重写父类 Person 的 say()方法，具有不同的方法体。

（2）定义一个身份确认类 IdentityConfirm，在该类添加一个对说话内容进行确认的 confirm()方法，形参类型是父类 Person 类型，方法体对 say()方法进行调用。此时，所有的子类类型都可以作为参数传入。这样，就不必像示例 5 那样需要为每一个子类类型编写单独的 confirm 方法。

（3）在主方法中，调用 IdentityConfirm 类的 confirm 方法时，可传入不同的子类对象，Java 虚拟机会根据不同的对象去调用不同的 say()方法。

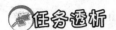

任务透析

```java
// 任务源代码 : ExtDemo4 .java
class Person {
    private String id; // 声明 id 属性
    private String name; // 声明姓名属性

    public Person(String id, String name) { // 构造方法,对各属性赋初值
        this.id = id;
        this.name = name;
    }

    public void say() { // 定义 say()方法,输出信息
        System.out.println("Id: " + id + ", 姓名: " + name);
    }
}

class Teacher extends Person {  // 定义 Person 类的子类 Teacher

    public Teacher(String id, String name) {
        super(id, name); // 调用父类的构造方法
    }

    public void say() { //重写父类的 say()方法
        System.out.println("大家好! 我是一名教师。");
        super.say();
    }
}

class Student extends Person { // 定义 Person 类的子类 Student

    public Student(String id, String name) {
        super(id, name); // 调用父类的构造方法
    }

    public void say() { //重写父类的 say()方法
        System.out.println("大家好! 我是一名学生。");
        super.say();
    }
}
```

```
class AdministrationStaff extends Person { // 定义 Person 类的子类
AdministrationStaff

    public AdministrationStaff(String id, String name) {
        super(id, name); // 调用父类的构造方法
    }

    public void say() { //重写父类的 say()方法
        System.out.println("大家好！我是一名行政人员。");
            super.say();
    }
}


class IdentityConfirm {
    public void confirm(Person p) { // 对父类 Person 说话内容进行确认
        p.say();
    }
}

public class ExtDemo4 {
    public static void main(String args[]) {
        IdentityConfirm cfm = new IdentityConfirm();
        cfm.confirm(new Teacher("12","何小倩"));
        cfm.confirm(new Student("31","张文俊"));
        cfm.confirm(new AdministrationStaff("52","李文昊"));
    }
}
```

运行结果如图 5.7 所示。

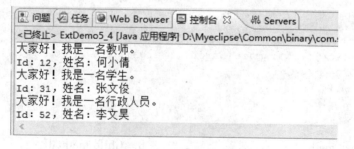

图 5.7　任务的运行结果

　　本任务案例中子类 Teacher、Student 和 AdministrationStaff 重写了父类 Person 的 say()方法，方法体可有不同的实现。在类 IdentityConfirm 中只定义了一个 confirm()方法，方法是将父类 Person 作为形参类型，子类类型可以传入，即发生向上转型。在主

方法中，JVM 会根据实际创建的对象类型来决定调用哪个 say()方法。

课堂提问

★ 什么是向上转型和向下转型？
★ 什么时候需要使用多态？

现场演练

继续添加一个饭堂职工类，感受一下即使需要继续增加新的人员类型，也不需要修改 IdentityConfirm 类，只需要添加新的人员类型代码即可，当用户要求发生变化时，多态性使得代码维护变得简单。

知识链接

final 关键字的作用

1. final 关键字修饰的类是不同被继承的。
2. final 关键字修饰的方法是不能被重写的。
3. final 关键字修饰的量是常量。

思 考 练 习

一、选择题

1. 以下 Java 代码，输出结果是（　　　）。

```java
class Base{
  public void method(){
    System.out.println("Base method");
  }
}
class Child extends Base{
  public void methodB(){
    System.out.println("Child methodB");
  }
}
class Sample{
  public static void main(String[] args){
    Base b = new Child();
    b.methodB();
  }
}
```

A. Base method
B. Child methodB
C. Base method Child methodB
D. 语法错误

2. 以下 Java 代码，输出结果是（　　　）。

```java
class Base{
  public void method(){
```

```
      System.out.println("Base method");
  }
}
class Child extends Base{
  public void method(){
    System.out.println("Child method");
  }
}
class Sample{
  public static void main(String[] args){
    Base b = new Child();
    b.method();
  }
}
```

    A. Base method   B. Child method

    C. Base method Child method   D. 编译错误

3. Java 语言中，在类定义时用 final 关键字修饰，是指这个类（　　　）。

    A. 不能被继承   B. 在子类的方法中不能被调用

    C. 不能被别的程序自由调用   D. 不能被子类的方法覆盖

4. 在继承中，关于构造方法的说明，下列说法错误的是（　　　）。

    A. 子类无条件的继承父类的无参构造方法

    B. 子类可以引用父类中的有参构造方法，使用 super()格式

    C. 子类可以引用父类中的带参构造方法，使用 super（参数列表）格式

    D. 如果子类有无参构造方法，而父类的无参构造方法则被覆盖

5. 当一个子类要想重写（覆写）父类的同名方法 protected A()时，则在子类中只能使用以下（　　　）访问权限修饰符来修饰方法 A。

    A. public 成员   B. private 成员

    C. protected 成员   D. default 成员

二、读程序写结果

定义类 A 和类 B 如下。

```
class A {
  int a=1;
  double d=2.0;
  void  show(){
    System.out.println("Class A: a="+a +"\td="+d);
  }
}
class B extends A{
  float a=3.0f;
  String d="Java program.";
  void show(){
    super.show();
    System.out.println("Class B: a="+a +"\td="+d);
  }
```

```
        }
```

（1）若在应用程序的 main()方法中有以下语句：

```
A a=new A();
a.show();
```

则输出的结果如何？

答：输出结果为：＿＿＿＿＿＿＿＿＿＿＿＿＿＿＿＿＿＿＿＿＿

（2）若在应用程序的 main 方法中定义类 B 的对象 b：

```
A b=new B();
b.show();
```

则输出的结果如何？

答：输出结果为：＿＿＿＿＿＿＿＿＿＿＿＿＿＿＿＿＿＿＿＿＿

上机实训（五）

一、实训题目

面向对象程序设计之继承与多态。

二、实训目的

1. 理解继承的作用及其实现。

2. 理解多态的作用及其实现。

三、实训内容

实训 1

定义一个抽象类 Shape，成员有图形名称（name）和求面积的抽象方法 Area()。利用继承产生子类，即三角形 Trangle 类,圆 Circle 类,矩形 Rectangle 类，并分别实现计算面积的方法计算相应图形的面积。对于 Trangle 类要求能够实现修改三边，判断三边是否能够构成三角形，根据三边长计算面积的方法。

实训 2

（1）定义一个类 Animal，包含 orgin（产地）、kind（种类）属性，定义带参的构造方法和 getter()、setter()方法。

（2）在 Animal 类中添加一个抽象方法 getContent()和一个非抽象方法 bay()，此 bay 方法中输出一行内容，以方法 getContent ()的调用作为输出参数。（提示：System.out.println(this.getContent())）

（3）定义一个 Dog 类，添加一个 color 属性，定义一个带参的构造方法，在 Dog 类中实现抽象方法 getContent ()，在该方法中输出实例对象的具体信息（属性）。

（4）定义一个 Cat 类，添加一个 age 属性，并定义一个带参的构造方法，在 getContent()方法中输出具体属性信息。

（5）写一个测试类，生成 Dog、Cat 对象，并调用 bay()方法，输出具体信息。

实训 3

（1）创建一个 Teacher 类，包含的属性有"教工号""姓名""性别""基本工资""奖金"；包含方法：①打印基本信息 print()；②计算"基本工资"和"奖金"的和。

（2）写一个子类 College_Teacher 继承于 Teacher 类，添加"职称"和"工作时间"两个属性。并生成它们的 getter()和 setter()方法。

（3）在 College_Teacher 类中重写父类的同名方法 print()，用于输出各项信息。

（4）定义一个测试类，分别生成子类和父类的实例对象，调用 print()方法，输出结果。

四、实训报告要求

1. 源程序代码。

2. 测试数据和结果。

3. 实验心得与体会。

抽象类、接口和包 ‹‹‹

项目描述

类的继承是 OPP（面向对象程序设计）的特点之一，但一个子类只能继承自一个超类。存在局限性，可以使用接口解决。一个类可以实现多个接口，体现了 OPP 的多态性特点。在继承类或实现接口的时候，超类或接口中的方法大多只有方法名，没有方法体，称为抽象方法，包含抽象方法的类称为抽象类。为了管理方便，可以将一些功能相似的类放入包中，这也体现了 OPP 的封装性，包中和类与方法可以用不同的关键词修饰以获得不同的访问权限。

项目分解

本项目可分解为以下几个任务：

- 抽象类和抽象方法；
- 接口与接口的权限；
- 包与访问权限。

📚 任务一　抽象类和抽象方法

📖 任务描述

子任务 1：创建一个有关于立体模型，名为 Three_dimension 的抽象类，属性有"底面圆半径"和"高"，抽象方法：①计算此立体模型的表面积；②计算此立体模型的体积。

子任务 2：分别创建一个圆柱体的子类 Circular_cylinder 和一个圆锥体的子类 Circular_cone，覆盖超类 Three_dimension 当中的抽象方法；再求出底面圆半径为 2，高为 10 的两个立体模型的表面积和体积。

🎵 必备知识

1. 什么是抽象方法

在前面的项目中我们学习了类的继承，在超类中所定义的方法，有的时候没有方法体，子类要继承超类的时候才在方法中写出方法体。这是因为多个子类在继承同一个超类的时候，方法体并不相同，比如超类"公司职员"，子类有"前台秘书""销售代表"和"董事长"，但他们的工资计算方法不同，"前台秘书"是领月薪的，"销售代表"是领月薪和提成的，而"董事长"是拿年薪和分红的。这时候在超类中，工资计算方法就不能写出方法体，而是要在各个子类当中再写出来。这种没有方法体的方法称为抽象方法。

2. 抽象方法的声明

抽象方法的声明格式为：

[格式 1 抽象方法的声明]
权限修饰符 abstract 返回值类型 方法名（形式参数列表）;

说明

① 修饰符 abstract 用于定义抽象方法及抽象类;

② abstract 放在权限修饰符与返回值类型之间，如果有 static，则放在 static 之后;

③ 方法名后的参数是形式参数;

④ 抽象方法不能有方法体，也不能有"{}"，因此要加上";"，表示此句结束。

3. 什么是抽象类

一个类中如果定义了抽象方法，这个类必须定义为抽象类。抽象类的定义，在 class 前使用修饰符 abstract。在抽象类中可以没有抽象方法，但抽象方法必须在抽象类中。抽象类不能用 new 语句创建实例，如果想要创建实例，必须要用子类将抽象方法继承后再用子类创建实例。子类必须覆盖超类中的所有抽象方法，否则子类也必须定义为抽象类。

4. 抽象类的定义格式

抽象类的定义格式如下：

[格式 抽象类的定义]
权限修饰符 abstract 抽象类名称{
    数据类型 成员变量1;   //声明成员变量1
    数据类型 成员变量2;   //声明成员变量2
        ...
    权限修饰符 abstract 返回值类型 方法名 1（形式参数列表）;   //声明抽象方法 1
    权限修饰符 abstract 返回值类型 方法名 2（形式参数列表）;   //声明抽象方法 2
        ...
}

说明

① 抽象类是类的一种，类名要遵循标志符的命名规则，并且每个单词首字母要大写;

② 抽象类可以包含抽象方法，也可以包含普通的方法;

③ 抽象类是不能直接创建实例，需要被子类继承后再由子类创建实例。

解题思路

子任务 1：

① 用 abstract 修饰符定义一个名为 Three_dimension 的抽象类。

② 往 Three_dimension 类中添加属性：底面圆半径 r 和高 h。

③ 往 Three_dimension 类中添加构造方法，读入底面圆半径 r 和高 h。

④ 往 Three_dimension 类中添加 superficial_area()和 volume()两个抽象方法，分别用于计算立体模型的表面积和体积。

子任务 2：

① 定义一个圆柱体的子类 Circular_cylinder 和一个圆锥体的子类 Circular_cone，覆盖超类 Three_dimension。

② 覆盖超类的构造方法和抽象方法。

③ 创建对象，计算出底面圆半径为 2，高为 10 的圆柱体和圆锥体模型的表面积和体积。

任务透析

```java
// 子任务1源代码：
// Three_dimension.java
   public abstract class Three_dimension{
       double r;    //声明底面圆面积属性
       double h;    //声明高属性
       Three_dimension(double radius,double height){
          r=radius;
          h=height;
       }
       public abstract double superficial_area();
       public abstract double volume();
   }
// 子任务2源代码:
//Circular_cylinder.java
public class Circular_cylinder extends Three_dimension{
   Circular_cylinder(double r,double h){
       super(r,h);
   }
   public double superficial_area(){
       return r*r*Math.PI*2+r*h*Math.PI*2;  //圆柱体的表面积
   }
   public double volume(){
       return r*r*Math.PI*h;   //圆柱体的体积
   }
}

//Circular_cone.java
public class Circular_cone extends Three_dimension{
   Circular_cone(double r,double h){
       super(r,h);
   }
   public double superficial_area(){
       return Math.PI*r*Math.sqrt(r*r+h*h);   //圆锥体的表面积
```

```
    }
    public double volume(){
        return r*r*Math.PI*h/3;  //圆锥体的体积
    }
}
//主类: Example1
public class Example1{
    public static void main(String[] args){
    Circular_cylinder c1= new Circular_cylinder(2,10); //创建圆柱体实例c1
    Circular_cone c2= new Circular_cone(2,10);     //创建圆锥体实例c2
    System.out.println("圆柱体的表面积为"+c1.superficial_area());
    System.out.println("圆柱体的体积为"+c1.volume());
    System.out.println("圆锥体的表面积为"+c2.superficial_area());
    System.out.println("圆锥体的体积为"+c2.volume());
    }
}
```

运行结果如图 6.1 所示。

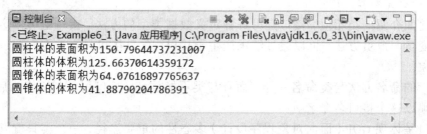

图 6.1 Example1.java 的运行结果

多个类可以写在一个.java 文件里，也可以写在不同的.java 文件里，但.java 文件名必须与主类名相同。本项目的代码均使用后一种方式。在本任务案例中，抽象类 Three_dimension 中除了构造方法外，其余的方法都是没有方法体的抽象方法，由它继承出两个子类 Circular_cylinder 和 Circular_cone，覆盖了超类中所有的抽象方法。而类 Example1 创建了这两个子类的实例，并以实际参数 2 和 10 代替了形式参数 r 和 h，输出了两个具体三维模型的表面积与体积。

课堂提问

★ 什么是抽象方法？什么是抽象类？它们应如何定义或声明？

★ 抽象类必须要包含抽象方法吗？抽象方法必须要在抽象类中吗？

★ 如果子类不能覆盖超类中的全部抽象方法，子类必须是抽象类吗？

★ 如果抽象类中有非抽象的方法，子类也可以覆盖这个方法吗？

现场演练

定义一个表示员工的 Employee 抽象类，包含的属性有"姓名""性别""年龄"，还有表示工资计算的方法 salary_count()。再定义两个继承自 Employee 的子类，一个为表示经理的 Manager，一个为表示秘书的 Secretary，覆盖 salary_count()方法。

119

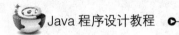

任务二　接口与接口的实现

任务描述

子任务 1：定义一个表示控制器的接口 Controller，成员变量有表示开关状态的 power、表示音量的 volumn，成员方法有构造方法、设置开关状态的 powerOnOff() 方法、提高音量的 volumnUp() 方法、降低音量的 volumnDown() 方法；再定义一个它的子接口 RemoteController 表示遥控器。

子任务 2：定义一个类 Tv 实现遥控器接口，覆盖所有方法，创建 Tv 对象，并调用这些方法。

必备知识

1. 什么是接口

与前面介绍的类相似，接口是另一种定义数据类型的方法。接口也可以定义自己的成员变量与成员方法，可以通过继承产生子接口，而且接口只有被类实现后才可以创建对象。

接口的命名方法与类命名一样，而且与类不能重名。接口用 public 修饰后，.java 文件必须以这个接口名命名。

接口是体现 OOP（面向对象程序设计）多态性的重要途径，一个类只能继承自一个超类（单继承），但一个类可以实现多个接口（多继承）。如在实际运用中，正方形既继承了矩形，又继承了菱形的一些特征，如果把矩形和菱形定义为类，显然正方形不可能同时继承这两个超类，这时可以把矩形和菱形定义为接口，由正方形实现这两个接口，达到了多继承的目的。

接口中方法必须全部为抽象方法。与类的继承相似，在实现接口的时候，类必须覆盖接口中所有的方法。如果一个类同时实现了几个接口，也必须覆盖所有接口中的所有方法。

2. 接口如何定义

接口的定义格式为：

```
[格式 接口定义方法]
  interface  接口名{
      public static final 数据类型 1 变量 1=值 1;  //声明成员变量 1
    public static final 数据类型 2 变量 2=值 2;  //声明成员变量 2
      …
  public abstract 返回值类型 1 方法名 1（形式参数列表）;  //声明抽象方法 1
  public abstract 返回值类型 2 方法名 2（形式参数列表）;  //声明抽象方法 2
      …
  }
```

说明

① 修饰符 interface 用于定义接口；

② 接口中的成员变量用 public static final 修饰，说明接口中只能声明常量，因此，成员变量在声明后应该立即赋值；

③ 成员变量前的 public static final 修饰符可以全部或部分省略；

④ 接口中的成员方法用 public abstract 修饰，说明接口中的方法必须都是抽象方法；

⑤ 成员方法前的 public abstract 可以省略，但省略后所代表的意义不变。

3. 接口怎样继承

```
[格式 接口继承方法]
interface 接口名1 extends 接口名2, 接口名3, …{
…
}
```

说明

① 接口的继承格式与类的继承格式相同；

② 一个接口可以继承自多个接口；

③ 子接口继承超接口后，超接口中所有的属性和方法也被子接口继承。

4. 接口怎样实现

与抽象类相似，接口定义后不能直接创建对象，必须由类实现后再创建类的对象。每个类只能继承自一个超类，但可以实现多个接口。实现方法如下：

```
[格式 接口实现方法]
class 类名 extends 超类名 implements 接口1, 接口2, …{
public 返回值类型1 方法名1(形式参数列表);    //覆盖方法1
public 返回值类型2 方法名2(形式参数列表);    //覆盖方法2
…
}
```

说明

① 一个类可以实现多个接口，用 implements 引导，多个接口用, 分隔；

② 可以在实现接口的同时继承超类；

③ 必须要覆盖所有接口的所有方法；

④ 覆盖这些方法时，public 修饰符不能省略；

⑤ 接口中的变量可以被覆盖，也可以不被覆盖。

解题思路

子任务1：

① 定义一个名为 Controller 的接口。

② 往 Controller 类中添加方法：构造方法、powerOnOff()表示设置开关、volumnUp()和 volumnDown()方法提高或降低音量。

③ 在接口 Controller 中继续添加一个抽象方法 outPut()。

④ 定义一个名为 RemoteController 的子接口。

子任务 2：

① 定义一个 Tv 的类，实现接口 RemoteController。

② 覆盖所实现接口所有的方法。

③ 创建对象，调用这些方法。

任务透析

```java
// 任务1源代码:
// Controller.java
public interface Controller {
    void powerOnOff(); //设置开关状态的抽象方法
    void volumnUp(int increment); //整型 increment 表示音量的步进值
    void volumnDown(int increment);
    void outPut(); //输出所有成员变量值;
    //以上所有抽象方法都省略了 public abstract
}
// 子任务2源代码:
//RemoteController.java
public interface RemoteController extends Controller{
    //接口 RemoteController 继承自接口 Controller
}


//Tv.java
public class Tv implements RemoteController{
    boolean power; //成员变量 power 表示开关的状态
    int volumn;      //成员变量 volumn 表示音量
    int volumnTemp; //成员变量 volumnTemp 表示音量的暂存项
    Tv(boolean power,int volumn){ //定义构造方法
        this.power=power;
        this.volumn=volumn;
    }
    public void powerOnOff(){
        power=!power;
        if(power)
          volumn=volumnTemp;
        else{
          volumnTemp=volumn;
          volumn=0;
        }
    }
    public void volumnUp(int increment){
        volumn=volumn+increment;
    }
    public void volumnDown(int increment){
        volumn=volumn-increment;
    }
    public void outPut(){
```

```
            System.out.print("当前电视机的状态是"+power+",");
            System.out.println("当前电视机的音量是"+volumn);
        }
    }

    // 主类: Example2.java
public class Example2{
    public static void main(String args[]){
        Tv t=new Tv(true,10);  //创建实例 t 并代入初始量
        t.outPut();
        t.volumnUp(3); //将音量升高 3;
        t.outPut();
        t.volumnDown(2); //将音量降低 2;
        t.outPut();
        t.powerOnOff();
        t.outPut();
        t.powerOnOff();
        t.outPut();
    }
}
```

运行结果如图 6.2 所示。

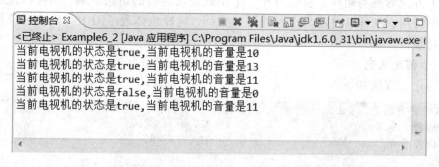

图 6.2　Example2.java 的运行结果

在本任务案例中，接口 RemoteController 继承了接口 Controller，同时也继承了 Controller 中所有的方法，这些方法可以覆盖，也可以不覆盖。再由类 Tv 实现了接口 RemoteController，注意这时一定要将所实现接口中所有的方法都覆盖，且方法前的 public 不可省略。而类 Example2 创建了这个类的实例，并调用了这些方法。

课堂提问

★ 什么是接口，接口里都有什么？

★ 接口的实现与类的继承有什么异同之处？

★ 接口如何继承？

★ 类实现接口时，如果这个类不是抽象类，是否必须覆盖这个接口中所有的方法？如果这个类是抽象类，那么又如何？

现场演练

定义一个类 Car，实现上述例题中的 RemoteControl 接口表示遥控汽车，成员变量

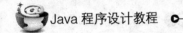

有 boolean 型的 power 表示开关状态、int 型的 volumn 表示速度，成员方法有构造方法、powerOnOff()设置开关状态、volumnUp()和 volumnDown()表示提高或降低速度；创建 Car 对象，并调用这些方法。

任务三　包与访问权限

任务描述

定义一个类 Example3，然后将这个类封装在名为 package1 的包中，设置这个类只能在包内是可见的。

必备知识

1.　什么是包

在 Java 中，为了方便管理类，可以将一些相关的类用包来组织。包不仅是一种管理与组织类的方式，而且可以避免类的命名冲突。在包中定义的类必须要通过包名来访问。这样，在不同的包中，就可以出现相同名称的类，减少重名的发生率。

除了方便管理与组织，包的另外一个用处是设定类的访问机制。类可以设定为只能在包中访问，也可以设定为在包外可以访问，这样也体现了 OOP（面向对象程序设计）的封装性。

2.　如何定义包

包的定义方法如下：

```
[格式 6 包的定义方法]
package 包名;
class 类名{
…
}
```

说明

① 包的定义用 package 语句；

② 包的定义在类的顶部；

③ Java 中所有的类都属于某个包，如果没有指定，则在默认包中；

④ 包可以嵌套，嵌套时包的名字用.分隔，如 x.y.z；

⑤ 层次结构的包必须创建层次结构的目录，如\x\y\z。

3.　怎样设定权限

其实从我们编写第一个 Java 源程序开始，权限修饰符 public 就一直伴随着我们。在 Java 中，有三个权限修饰符，分别是 public、protected 和 private，这三个关键字都可以用于修饰方法和变量等，用来设置它们不同的访问控制权限。除此之外，public 还可以用来修饰接口和类。

使用 public 修饰的公有类对所有类都是可见的，也就是说可以被同一个包中的类访问，也可以被不同包中的类访问。值得一提的是，在一个.java 文件中只能有一个公有类，且这个类（即主类）的名称必须与.java 文件的名称相同，如果在一个.java 文件中有几个类，但没有公有类，则哪个类与.java 文件的名字相同，哪个就是主类。

三个修饰符 public、protected、private 形成了四种访问权限。public 修饰的成员能被所有类访问；无修饰符时，成员只能在包内被访问；protected 修饰的成员除了在包内有可见性外，在其他包中，只有这个类的才能访问这些成员；private 修饰的成员只能在类的内部被访问。假设这些修饰符修饰的成员在类 1 中，如图 6.3 所示。

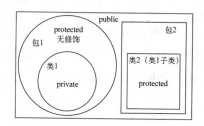

图 6.3　权限修饰符的作用域

解题思路

（1）定义一个名为 Example3 的类。

（2）在类的顶部进行封装。

（3）类的权限设置为无修饰符。

（4）这个名为 Example3.java 的文件要放在根目录下名为 package1 的目录中。

任务透析

```java
// 任务源代码: Example3.java
package package1;
class Example3{
    public static void main(String args[]){
    System.out.println("hello world!");
    }
}
```

运行结果如图 6.4 所示。

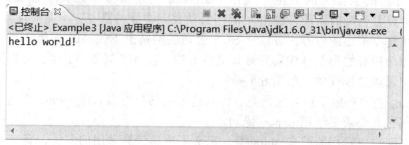

图 6.4　Example3.java 的运行结果

在上面的实例中，.java 文件中只有一个类，即主类。且此类被封装在名为 package1

的包中，类的前面没有权限修饰符，表示当前类只能在包当中可见，.java 文件要放在当前目录下名为 package1 的子目录中才能正常运行。

课堂提问

★ 什么是包，定义包有什么作用？

★ 用 protected 修饰的成员与无修饰符修饰的成员有何不同？

★ 同一个.java 文件可以有两个类用 public 修饰吗？为什么？

现场演练

定义两个包 a.b.c 和 x.y.z，在两个包里分别有两个类 Class1 和 Class2，给 Class2 里的成员方法 c2 分别用 public、protected、private 权限修饰，或无权限修饰，试试 Class1 能否调用 Class2 里的成员方法。

知识链接

导入类

类访问同一个包中的其他类很容易实现，但是如果要访问其他包中的类，必须查找到被访问到的类。有两种方法可以完成。

第一种方法是在每个类名前添加完成的包名，例如：

```
java.x.y.z.Class2 c=new java.x.y.z.Class2();
```

很显然，这种方法比较麻烦。第二种方法是使用 import 语句导入一个类，或是整个包，例如：

```
import java.x.y.z.Class2;
Class2 c=new Class2();
```

或是：

```
import java.x.y.z;
Class2 c=new Class2();
```

需要注意的是，import 语句应该位于.java 文件的顶部、package 语句的后面。

类库

Java SE 的类库中有 3 000 多个类与接口，这些类与接口有着丰富、常用的功能，为编程人员提供了极大的方便。使用 DOS 命令调用类库中的类必须在环境变量 classpath 中设置类库的路径，Eclipse 能够自动找到类库的路径，不需要设置。

要想了解类库中的内容，可以从 SUN 公司的网站上下载 API 规范文档，从中可以查到类库中所有的类及其成员变量和成员方法。在 API 规范中，包、类和类的成员都是按照字母顺序排列的，如图 6.5 所示。

java.lang 包中存放了最常用的类，访问这个包的类可以省略 import 语句。除此以外，访问其他包都需要使用 import 语句。

java.lang 包中常用的类有 Math 类，定义了数学计算常用的方法，有 String 类与 StringTokenizer 类，定义了字符串处理的方法，以及处理日期和时间的 Date 类和 SimpleDateFormat 类，等等，需要时可从 API 规范查询。

图 6.5　API 规范文档的页面

Java 修饰词汇总结

不少 Java 的初学者很容易被一大堆修饰词汇弄昏了头，在此特别将常见的修饰词汇的修饰对象、意义以及顺序做一整理，见表 6.1。

表 6.1　Java 修饰词汇总结

排序	类型	修饰词	修饰对象	说明
1	权限	public、protected、private	方法和变量，其中 public 也可以修饰接口和类	在同一类内、同一包内、不同包内构成不同访问权限
2	静态	static	方法和变量	用 static 修饰的方法称为静态方法或类方法，无修饰的称为实例方法
3	最终	final	类和方法、变量	最终类不能被继承，最终方法不能被覆盖，常量的值是恒定的
4	抽象	abstract	类和方法	抽象类不能直接创建实例，抽象方法没有方法体
5	数据类型	byte、short、int、long、float、double、char、boolean、void	方法和变量，其中 void 只可以修饰方法	声明方法的返回值或变量类型，void 表示方法无返回值

思 考 练 习

一、选择题

1. 使用（　　　）修饰的成员只在类的内部具有可见性。

A．public

B．protected

C．private

D．无修饰

2. 定义接口的关键字是（　　　　）。
    A. abstract　　　　　　　　　　B. implements
    C. extends　　　　　　　　　　　D. interface

3. 关于类的说法错误的是（　　　　）。
    A. 一个子类只能继承一个超类
    B. 一个超类只能派生一个子类
    C. 一个类可以实现多个接口
    D. 类必须覆盖所实现接口中的所有方法

4. Java 程序中如果出现下列（　　　　）语句是可以省略的。
    A. import java.util.*;　　　　　B. import java.text.*;
    C. import java.io.*;　　　　　　D. import java.lang.*;

5. 当修饰词 abstract 和 final 同时出现时，下面说法正确的是（　　　　）。
    A. abstract 排在 final 的前面。　　B. final 排在 abstract 的前面。
    C. 前后顺序没有关系。　　　　　D. 这种情况不可能出现。

二、填空题

1. 接口的实现体现了 OPP 的_____和_____特点。包体现了 OPP 的_____特点。

2. 用 abstract 修饰的类称为_____，它的特点是_____。

3. 定义包的关键词是_____，导入包的关键词是_____。

4. 指出下列程序中的两处错误。

```
interface A{
    int MAX;
    public void output(){
      System.out.println("This is a test");
    }
}
```

5. 如何使方法不被覆盖，如何使类不被继承？

三、读程序写结果

1. 以下代码输出结果是：_____。

```
public class Example{
    public static void main(String[] args) {
    int a = 9,b = 10;
    E e = new E();
    System.out.println(e.getMax(a,b));
    }
}
interface  I{
    public static final int a = 5;
    int b = 6;
    public abstract int getMax(int a,int b);
    void printAll();
}
```

```
class E implements I{
    public int getMax(int a,int b){
        if (a>b )
            return a;
        else
            return b;
    }
    public void printAll(){
    }
}
```

2. 运行下面代码，得到的结果是：_____。

```
public class Example{
    public static void main(String[] args) {
    F f = new F();
    System.out.print(f.getTimes(5));
    // G g = new G();
        //上一条语句如果取消注释符号就会出错，因为抽象类不能创建对象
    }
}
abstract class E{    //类中有抽象方法，类必须为抽象类，抽象类不能创建对象
    abstract double getTimes(double a);
    //抽象方法，无方法体，单行语句，以分号结束
}
class F extends E {
    double getTimes(double b) {   //子类必须覆盖超类的所有抽象方法
        return b*b;
    }
}
abstract class G extends E{
//子类如果没有覆盖超类的所有抽象方法，子类必须为抽象类
}
```

3. 运行下面代码，得到的结果是：_____。

```
public class Example{
    public static void main(String[] args) {
    int a=9,b=10;
    E e=new E();
    System.out.println(e.getMax(a,b));
    System.out.println(e.getMin(a,b));
    }
}
interface I{
    public abstract int getMax(int a,int b);
}

interface J{
    public abstract int getMin(int a,int b);
}
class E implements I,J{
    public int getMax(int x,int y){
```

```
        if(x>y)
            return x;
        else
            return y;
    }
    public int getMin(int x,int y){
        if(x>y)
            return y;
        else
            return x;
    }
}
```

上机实训（六）

一、实训题目

抽象类、接口和包。

二、实训目的

理解抽象类和抽象方法的概念。

理解接口的定义及实现。

掌握包的封装与导入方法。

三、实训内容

实训 1

定义表示出租车的抽象类 Taxi，抽象方法有求具体计算车费的 cost。定义 Taxi 的子类 GuangzhouTaxi 表示广州出租车，ShenzhenTaxi 表示深圳出租车，分别求出里程为 10km 的车费。

实训 2

已知接口 TwoDimShape，要求定义类 Circle 实现此接口，并求半径为 3.8 的圆面积和周长。

```
interface TwoDimShape
{ String DESCRIPTION="接口 TwoDimShape 定义二维图形";
  double getArea();
  double getPerimeter();  }
```

实训 3

定义两个包，然后实现两个包里不同类的互相访问。

四、实训报告要求

1. 源程序代码。

2. 测试数据和结果。

3. 实验心得与体会。

异常捕获 ‹‹‹

项目描述

实现一个二元计算器，通过命令行选择功能，要求实现功能如下。

1. 除法计算工具，通过在客户端输入二元计算式，由程序给出结果。
2. 将十进制数转换成二进制或者八进制数。
3. 通过输入半径计算圆的面积和体积。

项目分解

本项目可分解为以下几个任务：

● 除法计算工具——异常捕获及处理；
● 进制转换工具——异常抛出；
● 进制转换工具——声明异常；
● 圆的计算工具——自定义异常。

```java
// 计算器的主体方法: Calculator.java
package edu.gdkm.cal;
import java.util.Scanner;
public class Calculator {
    public static void main(String[] args) {
        Scanner scanner = new Scanner(System.in);
        Scanner in = new Scanner(System.in);
        while (true) {
            System.out.println("请选择你需要计算的功能: ");
            System.out.println("0.退出");
            System.out.println("1.除法计算");
            System.out.println("2.进制换算");
            System.out.println("3.圆计算");
            System.out.print("你选择的功能是: ");

            int num = in.nextInt();
            if (num == 0) {
                System.out.println("谢谢使用，再见! ");
                System.exit(0);
            }
            if (num == 1) {
                System.out.println("请使用'a/b'的形式输入计算式");
```

```
        String str = scanner.nextLine();
        int k = str.indexOf('/');
        if (k > 0) {
            String a=str.substring(0, k);
            String b=str.substring(k + 1);
            Division.d(a,b);
        }
    }
    if (num == 2) {
        System.out.println("请使用'a,b'的形式输入计算式");
        String str = scanner.nextLine();
        int k = str.indexOf(',');
        if (k > 0) {
            String a=str.substring(0, k);
            String b=str.substring(k + 1);
            Conversion.conversion(a,b);
        }
    }
    if (num == 3) {
        System.out.println("请使用'r'的形式输入计算式");
        String r = scanner.nextLine();
        Circle.compute(r);
    }
    }
    }
}
```

本代码是实现计算器的主体方法,在主方法 main()中,用户可循环选择要进行的功能:"0.退出""1.除法计算""2.进制换算""3.圆计算"。根据用户选择的数字来决定要调用不同的方法:Division.d(a,b)、Conversion.conversion(a,b)和 Circle.compute(r),这几个类和方法尚未实现,要在下面的任务中逐个实现。其中需要定义 Division 类的静态方法 d(a,b),用于实现除法计算;定义 Conversion 类的静态方法 conversion(a,b),用于实现进制转换;定义 Circle 类的 compute(r,b)方法,用于实现圆的计算,接下来我们来看一下这三个类如何实现。

任务— 除法计算工具——异常捕获及处理

任务描述

实现一个 Division 类的静态方法 d(a,b),用于实现除法计算。实现代码如下:

```
package edu.gdkm.cal;
    public class Division {
        public static void d(String a,String b){
            int x=Integer.parseInt(a);      //将a转换成整数
            int y=Integer.parseInt(b);      //将b转换成整数
            System.out.println(x/y);        //输出结果
        }
    }
```

运行结果如图 7.1 所示。

```
请选择你需要计算的功能：
0.退出
1.除法计算
2.进制换算
3.圆计算
你选择的功能是：1
请使用 'a/b' 的形式输入计算式
10/2
5
请选择你需要计算的功能：
0.退出
1.除法计算
2.进制换算
3.圆计算
你选择的功能是：1
请使用 'a/b' 的形式输入计算式
8/3
2
请选择你需要计算的功能：
0.退出
1.除法计算
2.进制换算
3.圆计算
你选择的功能是：
```

图 7.1 添加 Division 类后的计算器的运行结果

继续测试时出现，不小心敲错键了，1/5 输入成了 1/t，错误提示如图 7.2 所示。

```
请选择你需要计算的功能：
0.退出
1.除法计算
2.进制换算
3.圆计算
你选择的功能是：1
请使用 'a/b' 的形式输入计算式
1/t
Exception in thread "main" java.lang.NumberFormatException: For input string: "t"
        at java.lang.NumberFormatException.forInputString(Unknown Source)
        at java.lang.Integer.parseInt(Unknown Source)
        at java.lang.Integer.parseInt(Unknown Source)
        at edu.gdkm.cal.Division.d(Division.java:7)
        at edu.gdkm.cal.Calculator.main(Calculator.java:29)
```

图 7.2 非法输入导致的错误提示

请问这是什么？怎么办？

必备知识

1. 异常的概念

在 Java 语言中，异常(Exception)又称为例外，是指在程序运行过程中发生的非正常事件，这些事件的发生会影响程序的正常执行，出现异常是相关处理则成为异常处理。

Java 定义了异常类的层次结构，从 Trowable 开始，Error 和 Exception 则继承于它，而 RuntimeException 则继承了 Exception，如图 7.3 所示。

Throwable 类是 Java 语言中所有错误或异常的超类。只有当对象是此类(或其子类之一)的实例时，才能通过 Java 虚拟机或者 Java throw 语句抛出。类似地，只有此类或其子类之一才可以是 catch 子句中的参数类型。

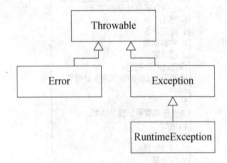

图 7.3　异常类的继承关系

Error 类定义了在系统级的底层错误，如内存耗尽，JVM 崩溃，底层库调用错误等，但这类错误一般和应用程序无关，应用程序也不需要处理。

Exception 类用于代表异常，表示程序有可能恢复的异常情况，是整个 Java 语言异常类体系中的父类。

在 Java API 中，声明了几百个 Exception 的子类用于代表各式各样的常见异常情况，根据是否由程序自身导致的异常，可以将异常类分成两种。

（1）RuntimeException 及其子类。该类异常也称为运行时异常，属于 Java 虚拟机正常运行期间抛出的异常的超类，也就是由于程序自身问题导致产生的异常。例如，上文中出现的数字格式化异常 NumberFormatException 等。

该类异常在语法上不强制程序员必须处理，导致这种异常的原因通常是执行了错误的操作。

（2）其他 Exception 子类。该类异常属于程序外部问题引起的异常。例如，文件不存在异常 FileNotFoundException 等。

该类异常在语法上强制程序员必须使用 try...catch 语句进行处理，否则编译器不允许通过。

在实际项目中，我们可以通过异常处理机制来完成对异常的捕获和处理，异常在系统中进行传递，传递到程序员认为合适的位置，就捕获该异常，进行对应的逻辑处理，使程序不会因为出现异常而崩溃。

2. 异常处理的语法格式

```
try{
    程序代码1
    }catch(异常类1变量名1){
    程序代码2
    }catch(异常类2变量名2){
    程序代码3
    }finally{
    程序代码4
}
```

在该语法中，try 语句用于书写正常的程序代码，而这部分代码可能的出现异常，全部使用 catch 语句书写对应的异常类来实现捕获，并使用对应的**程序代码 2** 和**程序代码 3** 实现出现该异常时的处理代码，而 finally 语句则用于保证无论有没有出现异常，都需要执行**程序代码 4** 的内容。

程序执行到该语法时，如果没有发生异常，则完整执行 try 语句中的所有代码，而 catch 语句块中的代码不会被执行，最后执行 finally 语句。匹配语法格式如下：

```
try{
    程序代码1
}finally{
    程序代码4
}
```

而一旦在 try 语句块中的代码发送异常，则从发生异常的代码开始，后续 try 语句块代码不会被执行，而是直接跳转到该异常对应的 catch 语句块中，最后执行 finally 语句。如出现异常类 1，匹配语法格式如下：

```
try{
    程序代码1
}catch(异常类1  变量名1){
    程序代码2
}finally{
    程序代码4
}
```

注意

① 在 try…catch 语句中，可以对 finally 进行省略。

② 如果 try…catch 语句中存在其他流程控制转移语句如 return 时，可能导致 finally 的执行效果跟想象中的不一样，有兴趣的同学们可以自行查找资料进行研究。

③ try…catch 语句的代码执行效率比较低，所以尽可能只将需要捕获异常的代码书写在 try 语句块中。

④ try…catch 语句是用于实现异常控制，处理程序的非正常情况，不要用其进行程序的流程控制。

解题思路

（1）定义一个 Division 类，设计方法 d(String a,String b)。

（2）实现方法 d(String a,String b)时，为避免非法输入导致的错误，在实现除法的部分要使用 try…catch 语句捕获并处理 NumberFormatException。

任务透析

```
// 任务 Division 类的实现
    package edu.gdkm.cal;
    public class Division {
        public static void d(String a,String b) {
```

```
        try{
            int x=Integer.parseInt(a);
            int y=Integer.parseInt(b);
            System.out.println(x/y);
        }catch(NumberFormatException e){
            System.out.println("请输入数字！");
        }
    }
}
```

运行结果如图 7.4 所示。

```
请选择你需要计算的功能：
0.退出
1.除法计算
2.进制换算
3.圆计算
你选择的功能是：1
请使用 'a/b' 的形式输入计算式
1/t
请输入数字！
请选择你需要计算的功能：
0.退出
1.除法计算
2.进制换算
3.圆计算
你选择的功能是：1
请使用 'a/b' 的形式输入计算式
10/3
3
请选择你需要计算的功能：
0.退出
1.除法计算
2.进制换算
3.圆计算
你选择的功能是：
```

图 7.4　增加异常处理后遇非法输入时的处理情况

实现了异常处理之后，如果该程序因运行中错误操作而导致出现异常的情况，不会使程序停止运行，而是由异常处理部分实现对应的处理后继续运行。

课堂提问

★ 引起异常产生的条件是什么？
★ 试列出 5 种常见的异常？
★ 异常没有被捕获会发生什么？

现场演练

尝试在该除法运算中捕获除数不能为零异常。

任务二 进制转换工具——异常抛出

任务描述

实现 Conversion 类的静态方法 conversion(a,b)，用于实现进制转换，在处理进制转换基数时，使用异常抛出机制。

必备知识

1. 什么叫抛出异常

当程序运行时，如果发现异常情况，可以按上文所述进行捕获和处理，也可以通过生成对应异常对象，并将该异常对象传递给 Java 运行时系统，使系统中包含该异常信息，这样的过程称为抛出异常。在 Java 中，用关键字 throw 来抛出一个异常。

在编码过程中，如果相关方法出现无法处理的异常情况时，可以将该方法抛出，使整个方法逻辑更加严谨。

我们需要实现的进制转换器，可以实现将十进制数转换为二进制或者八进制的字符串，在正常输入的情况下，参数 b 为 2 或者 8，代表转换的进制值，但是由于该方法逻辑的限制，如果在程序员误传入非法的参数时，程序会获得不正常的结果，而由于该方法的问题导致后续的其他功能发生错误，这是每个程序员都不希望看到的。

所以该方法在功能上达到了要求，但是逻辑上并不严谨，还需要在传入非法参数这样的异常情况下，将该异常报告出来，这就需要抛出异常的代码，

2. 抛出异常的语法格式

```
[格式抛出异常的语法格式]
    throw  异常对象；
```

例如：

```
throw new NullPointerException();
```

当系统执行到该 throw 代码时，将终止当前方法的执行，直接返回到调用该方法的位置，所以在该方法下面不能直接书写其他代码，因为这些代码将永远无法执行到。

解题思路

（1）定义一个 Conversion 类，设计方法 conversion (String a,String b)。

（2）实现方法 conversion (String a,String b)，在处理进制转换基数时，要使用异常抛出机制。

任务透析

```
//任务 Conversion 类的实现，并使用异常抛出机制
package edu.gdkm.cal;
public class Conversion {
```

```
    public static void conversion(String a,String b){
        try{
            int x=Integer.parseInt(a);
            int y=Integer.parseInt(b);
            if(y!=2&&y!=8){
                throw new IllegalArgumentException("进制参数非法！");
            }
            StringBuffer s=new StringBuffer();
            int temp;
            while(x!=0){
                temp=x%y;                    //取余数
                s.insert(0,temp);            //添加到字符串缓存区
                x/=y;                        //去掉余数
            }
            System.out.println(s.toString());
        }catch(NumberFormatException e){
            System.out.println("请输入数字！");
        }
    }
}
```

运行结果如图 7.5 所示。

```
请选择你需要计算的功能：
0.退出
1.除法计算
2.进制换算
3.圆计算
你选择的功能是：2
请使用 'a,b' 的形式输入计算式
8,2
1000
请选择你需要计算的功能：
0.退出
1.除法计算
2.进制换算
3.圆计算
你选择的功能是：2
请使用 'a,b' 的形式输入计算式
8,8
10
请选择你需要计算的功能：
0.退出
1.除法计算
2.进制换算
3.圆计算
你选择的功能是：2
请使用 'a,b' 的形式输入计算式
8,4
Exception in thread "main" java.lang.IllegalArgumentException: 进制参数非法！
        at edu.gdkm.cal.Conversion.conversion(Conversion.java:10)
        at edu.gdkm.cal.Calculator.main(Calculator.java:39)
```

图 7.5　任务的运行结果

实现了异常抛出之后，如果该程序输入的进制参数不是 2 或者 8 的时候，则抛出非法参数异常，并终止程序的执行。由于本任务实例中，转换出来的结果是直接输出在控制台，没有用于进一步的数据操作，所以可能有些同学觉得抛出异常导致程序终止得不偿失。但这只是一个例子，如果在一个大的项目中，该进制转换出来的数据需

要交给其他方法做进一步处理，在此情况下，如果没有抛出异常，程序会给出不正常的结果，并进入下一轮的运算中，这种情况才是更糟糕的。

通过抛出异常的做法，使得该方法的逻辑更加严谨，在出现异常的情况下，将这个异常报告出来，使得该方法不会出现错误的结果，同时提醒其他的结构进行处理。

课堂提问

★ 抛出异常会引起程序出现什么情况？
★ 为什么需要抛出异常？

现场演练

尝试抛出被转换的数字不是自然数的异常。

任务三 进制转换工具——声明异常

任务描述

实现 Conversion 类的静态方法 conversion(a,b)，用于实现进制转换。要求在定义 conversion(a,b) 方法时，要用 throws 去声明。

必备知识

1. 什么叫声明异常

在同样的任务中，我们可以通过抛出异常来对运行时的错误进行报告，从而提醒其他层面的程序对该异常进行处理。但有些时候，我们并不需要处理这些异常，或者不知道如何处理这些异常，这时，它就向上传递，由调用它的方法处理这些异常。为了提醒调用该方法的程序员注意处理这些异常情况，需要在方法的声明中将这些异常声明出来，这就是声明异常。

在 Java 中用关键字 throws 去声明异常。

2. 声明异常的语法格式

异常的抛出确实可以提醒其他层面的程序，但是由于抛出异常的代码在方法内部，在调用该方法时一般是无法看到方法的源代码的，这样调用的程序员就无法知道该方法将出现怎样的异常情况。所以需要有一种语法，使调用的程序员可以看到被调用结构可能出现的异常情况，这就是声明异常的语法。

声明异常的语法类似于药品上的副作用说明，在患者服用药品时，知道药品的正常功能，但是无法详细了解药品的成分以及每种成分的含量时（类似于无法看到源代码）。而在药品的说明上都有副作用的说明，例如，孕妇慎用等，这些和声明异常的语法在功能上是类似的。

声明异常的语法格式为：

```
throws 异常类名
```

例如：

```
public Test() throws IllegaArgumentException
```

该语法使用在方法的声明之后，使用 throws 关键字，后面书写该方法可能出现的异常，在这里需要书写异常类的类名，如果有多个，则使用逗号分隔这些异常类名即可。

注意

① 这些异常必须是该方法内部可能抛出的异常。

② 异常类名之间没有顺序。

③ 属于 RuntimeException 子类的异常可以不书写在 throws 语句以后，但是另外一类异常如果可能抛出则必须声明在 throws 语句之后。

通过声明异常，可以使调用该方法的程序员在调用时看到对应结构可能出现的异常情况，从而提示对于这些异常情况进行处理，增强程序的健壮性。

但是声明异常以后，异常还是存在的，并没有获得处理，在异常体系中最重要的还是捕获到异常，然后针对异常的类型不同做出对应的处理

解题思路

（1）定义一个 Conversion 类，设计方法 conversion (String a,String b)。

（2）实现方法 conversion (String a,String b)注意在处理进制转换基数时，使用异常抛出机制，并声明该异常。

任务透析

```java
//任务: 在定义 Conversion(String a,String b)方法时用关键字 throws 将异常往
外抛
package edu.gdkm.cal;
public class Conversion {
    public static void conversion(String a,String b)        throws
IllegalArgumentException {
        try{
            int x=Integer.parseInt(a);
            int y=Integer.parseInt(b);
            if(y!=2&&y!=8){
                throw new IllegalArgumentException("进制参数非法！");
            }
            StringBuffer s=new StringBuffer();
            int temp;
            while(x!=0){
                temp=x%y;              //取余数
                s.insert(0,temp);      //添加到字符串缓存区
                x/=y;                  //去掉余数
            }
            System.out.println(s.toString());
        }catch(NumberFormatException e){
```

```
            System.out.println("请输入数字！");
        }
    }
}
```

前面我们已提到，在方法内部可以不对异常进行捕获和处理，而采用向上传递（即利用关键字 throws 往外抛）的方法来处理。对被调方法而言，往外抛是指抛给主调方法，那对主方法 main()呢？注意，main()方法往外抛实际上是抛给 JVM 的。因此，如果 main()方法也不想处理异常，那么可以在定义 main()方法时用关键字 throws 将异常抛出。本任务案例在定义 conversion(String a,String b)时，用了关键字 throws 将异常 IllegalArgumentException 抛出，因此，需要在计算器的主方法 main()后面，加入 throws IllegalArgumentException，或者对该异常进行捕获处理。

课堂提问

★ throw 和 throws 关键字的区别是什么？

★ 为什么需要声明异常？

★ 在任务的代码中，conversion(String a,String b)方法中的 try-catch 语句能否省掉？为什么？

现场演练

尝试声明数字转换异常 NumberFormatException。

任务四　圆的计算工具——自定义异常

任务描述

实现 Circle 类的静态方法 compute(a，b)，用于实现圆的面积和体积的计算。

必备知识

1. 自定义异常

在 JDK 里面提供了几百个异常类，但是这些异常所代表的还只是常见的异常情况，在实际使用时，还是无法代表所有的异常情况，所以 Java 语言允许声明自定义的异常类，使用这些自定义的异常类来代表实际项目中 JDK 没有提供的异常情况。

2. 如何自定义异常

自定义异常类在语法上要求直接或者间接继承 Exception，可以根据需要选择继承 Exception 或者 RuntimeException 类，这样也设定了自定义异常类的类型，如果直接继承 Exception，则属于必须处理的异常，如果继承的是 RuntimeException，则不强制必须被处理。

在编程规范上，一般自定义异常会以 Exception 为后缀。

在计算圆的时候，我们考虑到如果用户输入时出现输入的圆半径小于 0 的情况，会导致异常的出现，而这个异常并没有作为标准异常提供给我们使用。因此，我们实现一个自定义异常，用于处理这种情况。

解题思路

1. 定义一个 Circle 类，设计方法 compute (String a,String b)。

2. 实现一个自定义异常用于处理圆半径小于 0 的情况，在计算的过程中时，使用异常捕获机制，处理这个异常。

任务透析

```java
// 任务: Circle 类的实现
package edu.gdkm.cal;
public class Circle {
    public static void compute(String str) throws RadiusException{
        try{
            int r=Integer.parseInt(str);
            if(r<0){
                RadiusException e=new RadiusException();
                throw e;
            }
            System.out.println("圆的面积是: "+2*Math.PI*r);
        }catch(NumberFormatException e){
            System.out.println("请输入数字! ");
        }
    }
    static class RadiusException extends Exception{
        public String e_message(){
            return "出现异常: 圆的半径不能小于 0";
        }
    }
}
```

此时，需要在计算器的 main()需要做出如下修改:

```java
if (num == 3) {
    System.out.println("请使用'r'的形式输入计算式");
    String r = scanner.nextLine();
    try {
        Circle.compute(r);
    } catch (RadiusException e) {
        System.out.println(e.e_message());
    }
}
```

运行结果如图 7.6 所示。

```
请选择你需要计算的功能:
0.退出
1.除法计算
2.进制换算
3.圆计算
你选择的功能是: 3
请使用 'r' 的形式输入计算式
2
圆的面积是: 12.566370614359172
请选择你需要计算的功能:
0.退出
1.除法计算
2.进制换算
3.圆计算
你选择的功能是: 3
请使用 'r' 的形式输入计算式
-2
出现异常: 圆的半径不能小于0
```

图 7.6　任务四的运行结果

课堂提问

★ 自定义异常需要注意什么？

现场演练

实现圆柱体体积的计算工具，同时注意处理数据异常。

思 考 练 习

一、选择题

1. 异常包含的内容是（　　　）。

    A. 程序中的语法错误

    B. 程序的编译错误

    C. 程序事先定义好的可能出现的意外情况

    D. 程序执行过程中遇到的事先没有预料到的情况

2. 若在方法中要将异常往上抛，应该使用（　　　）关键字。

    A. try__catch   B. Exception

    C. throws   D. throw

3. 下列常见的系统定义的异常中，有可能是网络原因导致的异常是(　　　)。

    A. ClassNotFoundException   B. IOException

    C. FileNotFoundException   D. UnknownHostException

4. 下列常见的系统定义的异常中，（　　　）是输入、输出异常。

    A. ClassNotFoundException   B. IOException

    C. FileNotFoundException   D. UnknownHostException

5. 在代码中使用 catch(Exception e)的好处是(　　　)。

　　A. 只会捕获个别类型的异常　　　　B. 捕获 try 块中产生的所有类型的异常

　　C. 忽略一些异常　　　　　　　　　D. 执行一些程序

二、读程序写结果

1. 编译和运行下面代码时出现的结果是＿＿＿＿＿＿＿＿＿＿＿＿＿＿＿＿＿＿

```
import jav   A.io.*;
class ExBase{
abstract public void martley(){
}
}
public class MyEx extends ExBase{
public static void main(String argv[]){
DataInputStream fi = new DataInputStream(System.in);
try{
fi.readChar();
}catch(IOException e){
System.exit(0);
}
finally {System.out.println("Doing finally");}
}
}
```

2. 阅读以下代码：

```
import java.io.*;
import java.util.*;
public class foo{
    public static void main (String[] args){
        String s;
        System.out.println("s=" + s);
    }
}
```

输出结果应该是：＿＿＿＿＿＿＿＿＿＿＿＿＿＿＿＿＿＿＿＿＿

上机实训（七）

一、实训题目

异常的捕获及处理。

二、实训目的

1. 掌握异常的概念，以及懂得如何捕获和处理异常。

2. 要懂得如何处理在程序运行过程中出现的非正常现象，如用户输入错误、除数为零、数组下标越界等。

三、实训内容

实训 1

利用 args 数组接收两个整数，做除法运算。要求：在程序中利用三个 catch 语句，分别捕获除数为 0 的错误、输入不是数字的错误和输入参数不够或超出的错误。

实训 2

输入三角形三边的长，求三角形周长和面积。注意，在程序中除了要有两边之和大于第三边、两边之差小于第三边及边长须为正数等逻辑判断，还要对输入是不是数字、输入参数个数对不对等异常进行捕获及处理。

四、实训报告要求

1. 源程序代码。
2. 测试数据和结果。
3. 实验心得与体会。

Java 中 I/O 的应用 ≪

项目描述

I/O 是 Input/Output 的缩写，即输入/输出。I/O 操作的所有类都放在 java.io 包中，故使用时要导入此包。

项目分解

本项目可分解为以下几个任务：

- 标准输入/输出；
- File 类；
- I/O 流的分类；
- 常用 I/O 流的应用。

任务一　标准输入/输出

任务描述

子任务 1：利用 System.in 的 read()方法从键盘获取数据。

子任务 2：利用 Scanner 类的 next ()方法从键盘获取数据。

子任务 3：利用 BufferedReader 的 readLine()方法从键盘获取数据。

必备知识

1. 什么是输入/输出

计算机是由控制器、运算器、存储器、输入设备、输出设备这五大部件所构成的，输入设备有键盘、鼠标、扫描仪、CD/DVD-ROM、麦克风等，输出设备有显示器、打印机、刻录机、音箱等。

2. System 类对 I/O 的支持

在 Java 的 System 中类提供有标准输入、标准输出和错误输出流。三个字段定义如下：

（1）in: 标准输入流，在 System 类中的声明如下：

```
public static final InputStream in
```

标准输入流已打开并准备提供输入数据。通常，标准输入流对应键盘输入或者由主机环境/用户指定的另一个输入源。

（2）out：标准输出流，在 System 类中的声明如下：

```
public static final PrintStream out
```

标准输出流已打开并准备接受输出数据。通常，标准输出流对应于显示器输出或者由主机环境或用户指定的另一个输出目标。对于简单独立的 Java 应用程序，编写一行输出数据的典型方式是：

```
System.out.println(data)
```

（3）err：标准错误输出流，在 System 类中的声明如下：

```
public static final PrintStream err
```

标准输出流已打开并准备接受输出数据。通常，标准输出流对应于显示器输出或者由主机环境或用户指定的另一个输出目标。按照惯例，此标准输出流用于显示错误

解题思路

子任务 1：

① 利用 System.in 的 read()方法从键盘上输入一个字符，并赋值给 i。

② 将 i 用强制类型转换符（char）转换为其对应的字符，并赋值给 c。

③ 输出字符 c 及其对应的 ACSII 码值。

子任务 2：

① 实例化了一个 Scanner 类对象 s。

② 用 Scanner 类的 next()方法获取一个字符串。

③ 用 Scanner 类的 nextInt()方法获取一个整数，并输出。

子任务 3：

① 构造一个 BufferedReader 对象 buf。

② 利用 buf 的 readLine()方法是从键盘输入一串字符。

任务透析

```java
// 子任务 1 源代码: InputDemo1.java
//利用 System.in 的 read()方法从键盘上输入一串字符
import java.io.IOException;
public class InputDemo1 {
    public static void main(String[] args) throws IOException  {
        char c;
        int i;
        System.out.println("请输入一个字符: ");
        i = System.in.read();//read()得到的是字符的 ACSII 码，是一位十进制数。
        c = (char)i ;   //将十进制数转换为对应字符。
        System.out.println("您输入字符的 ACSII 码是: "+i +",对应字符是: " + c);
    }
}
```

```java
// 子任务 2 源代码: ScannerDemo.java
//利用 Scanner 类的 next( )方法从键盘上输入一串字符
import java.util.Scanner;
public class ScannerDemo {
    public static void main(String[] args) {
        String str;
        int i;
        Scanner s = new Scanner(System.in);
        System.out.println("请输入您的名字: ");
        str = s.next();  //next()方法获取一个字符串。
        System.out.println("请输入您的年龄: ");
        i = s.nextInt(); //nextInt()方法获取一个整数。
        System.out.println("大家好,我叫:" + str + " , 今年: " + i + "岁");
    }
}


//子任务 3 源代码: BufferedReaderDemo.java
//利用 BufferedReader 的 readLine()方法从键盘上输入一串字符。
import java.io.*;
public class BufferedReaderDemo {
    public static void main(String[] args) {
        String str ="";   //定义并初始化一个空串。
        System.out.println("请输入一串字符: ");
        BufferedReader  buf = new BufferedReader( new
        InputStreamReader(System.in));
        //InputStreamReader 类的作用是将字节流转换
        //为字符流
        try {
            str   = buf.readLine();
        } catch (IOException e) {
            // TODO Auto-generated catch block
            e.printStackTrace();
        }
        System.out.println("您刚才输入的是: " + str);
    }
}
```

在子任务 1 源代码中:Java 中定义了标准输出设备和标准输入设备,分别是 System 类的静态属性 out 和 in。System.in 是字节输入流 InputStream 类的对象，也可使用 InputStream 类的 read()方法从键盘输入数据。

在子任务 2 源代码中：要想获得一个浮点数用 nextFloat()方法,要想获得一个布尔型数据用 nextBoolean()方法。

在子任务 3 源代码的第一行代码中的 "*" 表示自动导入，这里不是指导入 io 包中的所有类，而是按需导入。BufferedReader 的 readLine()方法是从键盘输入一串字符。因 BufferedReader 只能处理字符流，所以需要使用 InputStreamReader 类将 System.in 这个字节流转换为字符输入流。

课堂提问

★ 什么是输入/输出，计算机有哪些输入/输出设备？

★ 在 System 类中定义了哪三个常量表示系统标准输出、标准输入和错误信息输出？

现场演练

编写程序，分别实现从键盘输入一串字符、一个整数和一个浮点数，并打印输出。

任务二 File 类

任务描述

创建路径的 File 对象和文件的 File 对象，并调用 File 的方法，对文件所在的目录名、绝对路径等进行判断，新建一个空目录再将它删除。

必备知识

1. 流的分类

Java 执行文件读写操作都是通过对象实现的，读取数据的对象称为输入流（input stream），写入数据的对象称为输出流（output stream）。Java 的输入输出流又包括字符流和字节流，它们充分利用了 OOP 的继承特性，公用操作在超类中定义，子类提供特殊的操作，读写操作的对象是文件（File）。

2. File 类

创建输入/输出流都要使用到 File 对象，File 对象既可以表示文件，也可以表示目录。文件名的全名是由目录路径与文件名组成的，如 C:\java\Example.java 是一个文件名的全名，C:\java\是目录路径，Example.java 是文件名。

文件目录路径既可以是相对路径，也可以是绝对路径。绝对路径是从根目录开始的路径，如 C:/java/src，或写作 C:\\java\\src，由于反斜杠已用作转义序列，目录分隔符可以使用两个反斜杠或一个斜杠。与 DOS 相同，用"."表示当前目录，用".."表示上一级目录。

File 类在 io 包中，因此，在.java 源文件的顶部，要用 import java.io.File 或 import.java.*来导入包的内容，否则程序运行会出错。

File 类常用的构造方法有：

```
[格式 File 类常用的构造方法]
File(String pathname)              //目录名或是文件名
File(String parent,String child)    //child 是 parenet 的子目录
File(File f,String child)           //f 是根据目录创建的对象，child 在目录中
```

如：

```
File f=new File("C:\\java\\Example.java");
```

```
File f=new File("C:/java/","Example.java");
File f=new File("Example.java");
```

File 类中常用的方法有：

```
[格式 File 类常用的方法]
    String getName()               //获取文件名或目录名，但不包括路径
    String getPath()               //获取路径名，如果是文件包括文件名
    String getAbsolutePath()       //获取绝对路径名，如果是文件包括文件名
    String getParent()             //获取上一级路径名
    long lastModified()            //获取文件上次修改的时间
    boolean exists()               //判断文件或目录是否存在
    boolean isFile()               //判断是否为文件
    boolean isDirectory()          //判断是否为目录
    boolean delete()               //删除文件或空目录
    boolean mkdir()                //如果目录不存在则创建目录
```

说明

① lastModified()获取文件上次修改的时间，具体是距 1970 年 1 月 1 日的微秒数；

② delete()用于删除文件或空目录，如果删除成功则返回 true；

③ mkdir()用于创建目录，如果创建成功则返回 true。

示例 1：创建一个 d:\java 目录。

```
import java.io.File;
public class FileDemo1 {
    public static void main(String[] args) throws Exception {
        File r = new File("d:\\java");
        r.mkdir();
    }
}
```

示例分析：在本例中，使用了 File 类的构造方法，实例化了一个 File 对象 r,调用了 File 类的 mkdir()方法来完成目录的创建。

示例 2：为了更好地实现可移植性，将示例 1 的目录分隔符改为使用 separator 字段获取。

```
import java.io.File;
public class FileDemo2 {
    public static void main(String[] args) throws Exception {
        File r = new File("d:" + File.separator+ "java");
        r.mkdir();
        File f = new File(r, "test.txt");
        f.createNewFile();

    }
}
```

示例分析：文件创建操作是调用 File 类的 createNewFile()方法来完成的。从以上两个例子可知，可用 File 类的构造方法创建目录或文件。

示例 3：打印指定目录的一级目录或文件。

```java
public class ShowDirDemo1 {
    public static void main(String[] args) {
        File f = new File("d:" + File.separator);
        String[] str = f.list();
        for (int i = 0 ; i < str.length ; i++){
            System.out.println(str[i]);
        }
    }
}
```

示例分析：利用 File 类的 list()方法可查看指定目录的一级目录或文件。同样，如果想获取连带路径的目录或文件，可使用 File 类的 listFiles()方法。

解题思路

（1）创建当前路径的 File 对象。

（2）判断当前对象是否为目录，是否为文件，绝对路径是什么？

（3）判断某个目录是否存在？如果不存在则新建一个，如果存在则删除它。

任务透析

```java
// 任务的源代码： Example1.java
import java.io.File;
public class Example1
{
    public static void main(String[] args)
    {
    File f=new File("./aaa/bbb.txt");    //在执行程序前先建立此文件
    System.out.println("f.getName()="+f.getName());
    System.out.println("f.getPath()="+f.getPath());
    System.out.println("f.getAbsolutePath()="+f.getAbsolutePath());
    System.out.println("f.getParent()="+f.getParent());
    System.out.println("f.lastModified()="+f.lastModified());
    System.out.println("f.exists()="+f.exists());
    System.out.println("f.isFile()="+f.isFile());
    System.out.println("f.isDirectory()="+f.isDirectory());
    System.out.println("f.delete()="+f.delete());//删除文件后返回true
    System.out.println();
    System.out.println("f.getName()="+f.getName());
    System.out.println("f.getPath()="+f.getPath());
    System.out.println("f.getAbsolutePath()="+f.getAbsolutePath());
    System.out.println("f.getParent()="+f.getParent());
    System.out.println("f.lastModified()="+f.lastModified());
    System.out.println("f.exists()="+f.exists());
    System.out.println("f.isFile()="+f.isFile());
    System.out.println("f.isDirectory()="+f.isDirectory());
    System.out.println("f.delete()="+f.delete());//文件不存在返回false
    }
}
```

运行结果如图 8.1 所示。

图 8.1　任务二 Example1.java 的运行结果

注意在创建 File 对象时的路径格式，以及判断对象是否存在、删除是否成功、创建是否成功时返回值的意义。

课堂提问

★　什么是相对路径？什么是绝对路径？路径当中的分隔符是用斜杠还是反斜杠？

★　File 类中常用的构造方法与方法都有哪些？

现场演练

判断 C:\windows 目录是否存在，是的话使用删除命令看能否删除成功？为什么。不是的话则创建这个目录。再同样地操作一个 C:\winnt 目录。

任务三　I/O 流的分类

任务描述

理解字符流与字节流的特点，以及它们常用的类与方法。了解节点流和过滤流。

必备知识

1. 字符流

Java 定义了两种类型的输入/输出流：字节流和字符流。字节流用于处理字节的输入和输出，例如 Java 的.class 文件是字节文件，读写这样的文件就要用字节流。字符流用于处理字符的输入和输出，Java 的源程序.java 文件使用的是 Unicode 编码的字符，读写这样的文件就要使用字符流。由于一个字节是 8bit，一个字符是 16bit，所以很多时候，用字符流处理的速度要高于字节流。

Java 的 I/O 系统由很多类组成，它们充分利用了 OOP 的继承特性。输入/输出的公用操作由超类定义，子类提供特殊的操作。由于有两种不同类型的流，I/O 系统包括两个独立的类层次结构，一个是字节的，一个是字符的，字节流和字符流的大多数功能是对应的。

字符流的顶端是两个抽象类 Reader 和 Writer，其中 Reader 用于输入，Writer 用于输出，两者派生的具体类用于处理 Unicode 字符的输入和输出，图 8.2 列出了常用字符流类的层次结构。

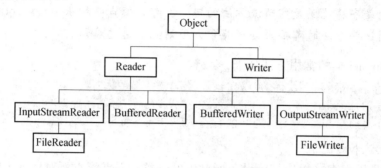

图 8.2　常用字符流类关系树

抽象类 Reader 提供了读取字符文件的公用方法，常用的如下：

[格式 Reader 类的常用方法]
```
int read() throws IOException      //从输入流中读下一个字符，到达流尾返回-1
void close() throws IOException    //关闭输入流，释放它占用的系统资源
```

说明

① 无论是字符流还是字节流方法的定义，都必须声明抛出 IOException 异常；
② 调用这些方法时都必须处理异常，否则无法通过编译。

[格式 Writer 类的常用方法]
```
void write(int c) throws IOException      //把指定字符的 Unicode 码写到输出流
void write(String str) throws IOException   //把字符串写入到输出流
void close() throws IOException    //关闭输出流，释放它所占用的系统资源
```

2. 字节流

字节流层次结构的顶端是抽象类 InputStream 和 OutputStream，两者分别定义了操作字节输入和字节输出的公共方法被各自的子类继承，图 8.3 列出了常用字节流类的层次结构。

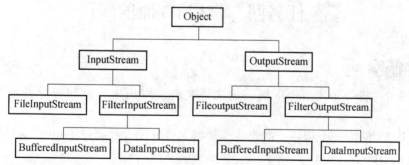

图 8.3　常用字节流类关系树

InputStream 类的常用方法如下：

[格式 InputStream 类的常用方法]

```
int read() throws IOException    //从输入流中读下一个字节，到达流尾返回-1
void close() throws IOException  //关闭字节输入流，释放它占用的系统资源
```

说明

① 无论是字符流还是字节流方法的定义，都必须声明抛出 IOException 异常；

② 调用这些方法时都必须处理异常，否则无法通过编译。

OutputStream 类的常用方法如下：

```
[格式 OutputStream 类的常用方法]
void read(int b)                  //从指定的字节写入输出流
void close() throws IOException  //关闭字节输出流，释放它占用的系统资源
```

3. 节点流和过滤流

节点流是用于直接操作目标设备所对应的流类。节点流类所对应的 I/O 源或目标称为流节点。例如，用一个类和一个文件或网络相关联，那么这个类就叫作节点流类，这个文件或网络就叫作流的节点。换句话说，节点流是从特定的地方读写的流类，例如：磁盘或一块内存区域。节点流可以从或向一个特定的地方（节点）读写数据，如 FileReader。

过滤流又称处理流，使用节点流作为输入或输出。过滤流是使用一个已经存在的输入流或输出流连接创建的。过滤流是对一个已存在的流的连接和封装，通过所封装的流的功能调用实现数据读/写，如 BufferedReader。处理流的构造方法总是要带一个其他的流对象做参数。一个流对象经过其他流的多次包装，称为流的链接。

课堂提问

★ 什么是字节流，什么是字符流，字节流与字符流有何不同？

★ 什么样的文件适合用字节流读写？什么样的文件适合用字符流读写？

★ 为什么调用字节流或字符流方法时都要处理异常？什么异常？

★ 什么是节点流和过滤流？

任务四　常用 I/O 流的应用

任务描述

子任务 1：将一个 Unicode 编码的文本文件读取出来，打印行号并统计行数、字节数。

子任务 2：编写一个程序，创建一个数据文件 a.txt，并通过 FileWrite 对象向其中输出整数 1 ~ 100。

必备知识

1. Java.io 包中的常用的类

在前面几个任务的学习中，知道 Java 的 I/O 操作的所有类都存放在 java.io 包中

的，要想使用这些类，要导入此包。其中，File 类是比较重要和常用的类之一，对于 File 类我们在任务二中已经介绍过。本任务，我们主要介绍两个用来读取和写入字符文件的便捷类 FileReader 和 FileWriter。

2. FileReader 类

FileReader 类的构造方法如图 8.4 所示。

构造方法摘要
FileReader(File file) 　　　　在给定从中读取数据的 File 的情况下创建一个新 FileReader。
FileReader(FileDescriptor fd) 　　　　在给定从中读取数据的 FileDescriptor 的情况下创建一个新 FileReader。
FileReader(String fileName) 　　　　在给定从中读取数据的文件名的情况下创建一个新 FileReader。

图 8.4　FileReader 类的构造方法

3. FileWriter 类

FileWriter 类的构造方法如图 8.5 所示。

构造方法摘要
FileWriter(File file) 　　　　在给出 File 对象的情况下构造一个 FileWriter 对象。
FileWriter(File file, boolean append) 　　　　在给出 File 对象的情况下构造一个 FileWriter 对象。
FileWriter(FileDescriptor fd) 　　　　构造与某个文件描述符相关联的 FileWriter 对象。
FileWriter(String fileName) 　　　　在给出文件名的情况下构造一个 FileWriter 对象。
FileWriter(String fileName, boolean append) 　　　　在给出文件名的情况下构造 FileWriter 对象，它具有指示是否挂起写入数据的 boolean 值。

图 8.5　FileWriter 类的构造方法

解题思路

子任务 1：

① 定义一个名为 Example3 的类。

② 将文件的读取过程抛出异常。

③ 创建一个名为 text.txt 的文件，里面写入几行数据。

④ 创建一个名为 f 的读取文件的实例。

⑤ 创建行数与字节数的变量，并赋初始值。

⑥ 一个字符一个字符地读入 text.txt 文件里的数据，同时输出到屏幕。

⑦ 当读入的字符为 Unicode 码的换行时，输出另起一行。

子任务 2：

① 定义一个名为 Example4 的类。

② 将文件的写入过程抛出异常。

③ 创建一个名为 a.txt 的文件。

④ 创建一个名为 w 的写入文件的实例。

⑤ 定义整型变量 i，由 1 循环至 100。

⑥ 将 i 写入 a.txt，并添加分隔符号。

⑦ 写入完毕，关闭 a.txt 文件。

任务透析

```java
//了任务1源代码: Example3.java
import java.io.*;
public class Example3
{
    public static void main(String[] args)
    {
        int i,j=1,k=0;
        try
        {
            FileReader f=new FileReader("D:/java/src/text.txt");
            System.out.print("第"+j+"行:");
            while(true)
            {
                i=f.read();
                if(i==-1)
                    break;
                k++;
                System.out.print((char)i);
                if(i==10)
                {
                    j++;
                    System.out.print("第"+j+"行:");
                }
            }
        }
        catch(FileNotFoundException e1)
        {
            System.out.println("指定文件不存在");
        }
        catch(IOException e2)
        {
            System.out.println("输出异常");
        }
        System.out.printf("\n文件一共有%d行,共%d个字节",j,k);
    }
}
```

运行结果如图 8.6 所示。

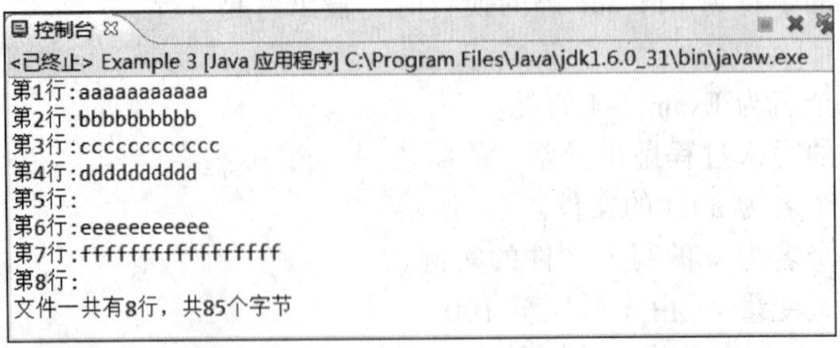

```
控制台 ☒
<已终止> Example 3 [Java 应用程序] C:\Program Files\Java\jdk1.6.0_31\bin\javaw.exe
第1行:aaaaaaaaaa
第2行:bbbbbbbbbb
第3行:cccccccccccc
第4行:dddddddddd
第5行:
第6行:eeeeeeeeee
第7行:fffffffffffffffff
第8行:
文件一共有8行,共85个字节
```

图 8.6　任务 Example3.java 的运行结果

```java
//子任务2源代码: Example4.java
import java.io.*;
public class Example4
{
    public static void main(String[] args)
    {
    try
    {
    File f=new File("d:/java/src/a.txt");
    FileWriter w=new FileWriter(f);
    int i;
    String s;
    for(i=1;i<=100;i++)
        {
        s=i+",";        //数字与逗号连成字符串
        w.write(s);
        }
    w.close();
    }
    catch(IOException e)
    {
        System.out.println("输入异常");
    }
    System.out.println("文件写入完毕!");
    }
}
```

运行结果如图 8.7 所示，运行作 a.txt 文件如图 8.8 所示。

图 8.7　任务 Example4.java 的运行结果

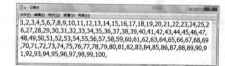

图 8.8　程序运行后 a.txt 文件的内容

课堂提问

★　如何读取文件？如何写入文件？读取与写入有何不同？

★　为什么读取与写入的过程要抛出异常？抛出什么异常？如果不抛出会怎样？

★　可以同时对一个文件既读取又写入吗？

现场演练

将一个文本文件打开，依次读取每个字符，并将这些字符写入一个新的文件中。即复制一个文件。

思 考 练 习

一、选择题

1. 下列语句中书写正确的是（　　　　）。

    A. File f=new File("C:\windows\abc.txt");

    B. File f=new File("C:/windows/abc.txt");

    C. File f=new File("C://windows//abc.txt");

    D. File f=new File("C:windows\\abc.txt");

2. 表示一次回车换行的字符串是（　　　　）。

    A. "\r"　　　　　　　　　　　　　　B. "\n"

    C. "\r\n"　　　　　　　　　　　　　D. "\n\r"

3. 字符流每次读写一个（　　　　）编码的字符。

    A. Uncode 码　　　　　　　　　　　B. ASCII 码

    C. ANSI 码　　　　　　　　　　　　D. Big5 码

4. 当输入流使用完毕后，可以调用（　　　　）方法将其关闭。

    A. shut()　　　　　　　　　　　　　B. over()

    C. exit()　　　　　　　　　　　　　D. close()

5. 以下（　　　　）方法不可以构造一个 File 类对象。

    A. File(文件名)　　　　　　　　　　B. File(new.txt)

    C. File(文件路径,文件名)　　　　　　D. File(目录对象,文件名)

二、填空题

1. 指出下列语句中的错误。

```
File f=new File("c:\workspace\example.txt");
```

2. 由文件流向打印机的数据流属于_____，由键盘流向程序的数据流属于_____。

3. 将用户由键盘输入的字符存入文件，可能会抛出的异常有_____和_____。

4. 指出下列程序有何作用。

```
import java.io.*;
public class Example
{
  public static void main(String args[])
  {
    File f=new File("d:\\abc");
    if(f.exists())
      {
        System.out.print("目录"+f.getPath()+"已存在,");
        if(f.delete())
          System.out.print("已删除");
```

```
        else
          System.out.print("不能删除");
      }
    else
      {
      System.out.print("目录"+f.getPath()+"不存在,");
      if(f.mkdir())
        System.out.print("创建成功");
      else
        System.out.print("创建不成功");
      }
  }
}
```

5. 在读取文件数据时如何判断到达了文件的结尾？

三、编程题

1. 复制一个文件，并把所有小写字母变成大写。

2. 从 Example4.java 题生成的数据文件 a.txt 中读取数据，每读一个数据计算它的平方和算术平方根，然后把这些数据输出到一个新的数据文件。

上机实训（八）

一、实训题目

文件的访问及输入、输出流的运用。

二、实训目的

1. 理解输入流、输出流、字符流、字节流的概念。

2. 理解文件的访问方式。

3. 掌握对文件的读取与写入方法。

三、实训内容

实训 1

打印一张九九乘法表，并写入一个文本文件中，注意行列格式与对齐。

实训 2

对比两个文本文件，如果相同则返回"两个文件完全一致"，如果不相同则返回不相同的字符所在的行、列号。

实训 3

由用户输入一个单词，编程在一个文本文件中查找这个单词。如果找不到则返回"查不到该单词"，如果找到则返回这个单词在文本文件中存在的个数。

四、实训报告要求

1. 源程序代码。

2. 测试数据和结果。

3. 实验心得与体会。

图形用户界面编程 ⫷

项目描述

制作一个图形界面的计算器，要求有基本的标题栏及 Windows 按钮，数字显示界面及 1，2，3，…，8，9，0 十个数字键，加、减、乘、除四则运算键及小数点、等号键。能够用这个计算器完成基本的四则运算并正确地显示出来。

项目分解

本项目可分解为以下几个任务：

- 框架的设计；
- 按钮和文本区的设计布局；
- 事件响应及四则运算的程序设计。

任务一　框架的设计

任务描述

创建一个框架 JFrame，并向这个框架中添加一个组件。

必备知识

1. 什么是图形界面程序设计

自从 Microsoft Windows 1.0 诞生以来，计算机操作系统由原来 DOS 的命令行界面飞跃到了图形界面，极大地方便了用户的操作，提升了人机交互的功能。而 Microsoft Visio Studio 及 DELPHI、MATLAB 等开发工具集的出现，将传统的程序设计提升到了图形用户界面时代。

图形用户界面（Graphical User Interface，GUI）为用户和应用程序之间的交互提供了直观、方便的交流方式。用户使用键盘和鼠标操作图形界面上的按钮、菜单等元素向计算机系统发送命令，系统运行的结果也以图形的方式显示给用户。因此现代程序设计语言几乎都能支持图形用户界面。

2. GUI 使用的组件

编写 Java 的图形用户界面程序可以使用 AWT 组件，也可以使用 Swing 组件。

Java 在早期版本中包含一个用于 GUI 程序设计的类库，称为抽象窗口工具箱（AWT 组件）。AWT 将处理用户界面的任务委派给操作系统，由底层平台负责创建图形界面元素。对于简单的程序来说，AWT 是比较有效的。但是，菜单、滚动条、文本区域等的形状和操作方式是由操作系统来决定的，在不同版本的操作系统中（如 Windows 98 和 Windows XP）差异会较大。而且，有些系统没有 Windows、Macintosh 这样丰富的图形界面组件集合，也限制了 AWT 组件编写程序的使用范围。结果是，AWT 组件编写的程序远不如 Windows 的程序美观，也没有提供这些平台的用户熟悉的功能。更重要的是，在不同平台下图形界面库的 Bug 也不同，给开发人员带来了很多的麻烦。

Swing 组件的工作方式与 AWT 组件完成不同，它在空白窗口上绘制菜单、按钮、文本框等元素，它所编写的程序在所有平台上外观和操作方式是一样的。由于它的方便和通用性，现在 Swing 组件是 Java 基础类库的一部分。与 AWT 相比，Swing 的优点如下。

① Swing 有一个丰富的、方便的图形界面组件集合，有些组件是 AWT 没有的；

② Swing 对操作系统依赖较少，因此与底层平台相关的 bug 就少；

③ Swing 在不同平台上运行的界面是一样的。

必须要说的是，虽然现在的 Java 同时支持 AWT 组件和 Swing 组件，但两种组件混合在一起使用可能产生一些无法预料的错误，所以在同一程序中，或者全部使用 AWT 组件，或者全部使用 Swing 组件。由于 Swing 组件更具优势，因此我们在此章节中只讲解 Swing 组件图形界面编程。

3. 容器类、组件类与辅助类

Java 支持 GUI 程序设计的类分为容器类、组件类与辅助类，这些类很好地利用了面向对象的继承特性，图 9.1 列举了一部分 GUI 类的层次结构。

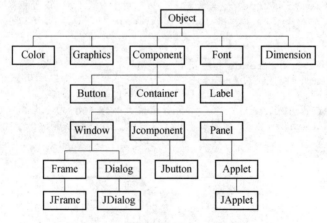

图 9.1　GUI 类的层次结构

容器类是用于包含其他组件的类，在图 9.1 中，Frame、Panel、Applet 是 AWT 的容器类，JFrame、JPanel、JApplet 是 Swing 类的容器类。

JComponent 是所有 Swing 组件类的超类，常用的 Swing 组件有 JButton、JTextField、JTextArea、JRadioButton、JMenu 等，它们都是 JComponent 的子类。

辅助类用来描述 GUI 组件的属性，如环境、颜色、字体。常用的辅助类有 Color、Graphics Font、LayoutManager 等。

4. 框架 JFrame

在 Java 中，框架是容器，它能包含按钮、文本框、菜单等组件。在 Swing 组件中，用 JFrame 类描述框架。JButton、JFrame、JDialog、JApplet 都是常用的 Swing 组件。

JFrame 的常用构造方法如下：

```
JFrame()
JFrame(String title)                //创建一个标题为 title 的框架
```

JFrame 的常用成员方法还有：

```
void setTitle(String title)         //设置框架的标题
String getTitle()                   //返回框架的标题
void setVisible(boolean b)          //设置框架的可见性
void setSize(double w,double h)     //设置框架的宽和高
void setLocation(int x,int y)       //设置框架左上角的坐标
Container getContentPane()          //返回框架的内容面板
void pack()                         //根据框架中放置的组件调整窗口大小
void setJMenuBar(JMenuBar menubar)  //为框架设置菜单条
void setDefaultCloseOperation(int o) //设置关闭窗口后的默认操作
```

编写 GUI 程序，经常通过继承 JFrame 定义新的框架类，在新的框架类中定义 GUI 界面及其组件。

示例：创建一个空的框架，运行结果见图 9.2。

```java
import javax.swing.JFrame;
public class Example9_1 {
    public static void main(String[] args) {
        EmptyFrame f=new EmptyFrame("一个框架");   //设置框架名称
        f.setVisible(true);                        //设置框架可见
        f.setDefaultCloseOperation(JFrame.EXIT_ON_CLOSE);
    }
}
class EmptyFrame extends JFrame {
    public EmptyFrame(String title) {
        super(title);               //调用超类的构造方法
        setSize(300,200);           //框架大小为 300*200 像素
        setLocation(400,300);       //框架位置为距左上角(400,300)
    }
}
```

图 9.2 示例 1 Example1.java 的运行结果

示例分析: 本示例创建了一个空的 JFrame,并将其设置为可见,点击 JFrame 的 "关闭" 按钮能实现关闭操作。

解题思路

（1）继承 JFrame 定义一个新的框架类。

（2）设置常见成员方法。

（3）创建这个类的对象，调用这些继承的方法。

（4）调用 getContentPane()方法获得 JFrame 的内容面板。

（5）调用 Container 的 add()方法把组件加入到内容面板。

（6）添加按钮。

任务透析

```java
//任务源代码: GUIDemo1.java
import java.awt.Container;
import javax.swing.JButton;
import javax.swing.JFrame;
public class GUIDemo1 {
    public static void main(String[] args) {
        JFrame b=new ButtonFrame();                //超类变量引用子类对象
        b.setTitle("框架和按钮");                     //设置框架的标题
        b.setSize(300,200);
        b.setLocation(400,300);
        b.setVisible(true);
        b.setDefaultCloseOperation(JFrame.EXIT_ON_CLOSE);
    }
}
class ButtonFrame extends JFrame {
    public ButtonFrame() {
        JButton j=new JButton("Hello");     //创建按钮对象j,按钮上显示Hello
        add(j);                             //把按钮对象j加入内容面板
    }
}
```

运行结果如图 9.3 所示。

图 9.3 任务 GUIDemo1.java 的运行结果

课堂提问

★ 什么是容器类？什么是组件类和辅助类？常用的容器类和组件类、辅助类有哪些？

★ 组件类一定要放在容器类中吗？

★ JFrame 的 setVisible()方法有什么作用？如果不调用这个方法会如何？

★ JFrame 的内容面板作用是什么？如何向 JFrame 中添加组件？

现场演练

建立一个界面，容器为 Applet 类，窗口是蓝色，框架标题为"多个按钮的窗口"，添加两至三个按钮。

任务二 按钮和文本区的设计布局

任务描述

子任务 1：向框架中添加一个文本框。

子任务 2：向框架中添加 16 个按钮，做成简单计算器的界面，排列整齐。

必备知识

1. 文本框

Swing 的文本输入类包括文本框 JTextField、文本区 JTextArea 和密码框 JPasswordField。JTextField 和 JTextArea 是 JTextComponent 的子类，而 JPasswordField 是 JTextField 的子类，因此这三个类的很多方法是从 JTextComponent 继承的，其中常用方法有：

```
void setEditable(boolean b)        //设置可否编辑文本
void setText(String text)          //设置文本
String getText()                   //获取文本
```

JTextField 常用的构造方法有：

```
JTextField()
JTextField(int columns)            //指定文本框的宽度是多少个字符
JTextField(String text)            //指定文本框的原始文本
```

与文本框类似，文本区是多行的，可以输入的文字内容较多，而密码框则与文本框外观一致，输入的文字会以掩码显示。

2. 几种常见的布局管理器

布局管理器用来管理组件如何放置在容器中，最常见的四种 AWT 布局类 FlowLayout、BorderLayout、GridLayout 和 CardLayout 都实现了接口 LayoutManager。每种容器类都有一种默认的布局管理方式。JFrame 默认布局是 BorderLayout，JPane 默认布局是 FlowLayout。除了使用默认布局外，容器还可以使用下列方法设置布局：

```
void setLayout(LayoutManager m)
```

例如，如果 JPanel 面板改用 BorderLayout，可以使用如下语句：

```
JPanel j=new JPanel();
```

```
BorderLayout b=new BorderLayout();
j.setLayout(b);
```

也可以简写为：

```
JPanel j=new JPanel();
j.setLayout(new BorderLayout());
```

FlowLayout 是最简单的布局管理器，它按照添加的顺序，把组件从左到右排列在容器中，放满一行后开始新的一行。BorderLayout 布局管理器将容器划分为东西南北中五个区，在容器中加载组件时必须指定加载到哪个区。GridLayout 布局把容器划分为若干行和列大小相等的网格单元，组件就放置在网络中。CardLayout 布局像管理卡片一样管理组件，每张卡片上放置一个组件，每次只有一张卡片可见。

3. GridLayout 布局

在此项目中我们用 GridLayout 布局实现计算器。GridLayout 的构造方法有：

```
GridLayout()                                //行数为 1，每个组件占一列
GridLayout(int rows,int cols)               //指定行数和列数
GridLayout(int rows,int cols,int hgap,int vgap)
//指定组件水平和垂直方向间隔
```

解题思路

子任务 1：

（1）继承 JFrame 定义一个新的框架类。

（2）设置 GridLayout 布局。

（3）向框架中添加一个文本框。

子任务 2：

（1）向框架中添加 16 个按钮。

（2）设置 16 个按钮的显示文字。

（3）调整整个框架窗口的布局。

任务透析

```
//子任务 1 源代码: GUIDemo1.java
package com;
import java.awt.BorderLayout;
import javax.swing.JFrame;
import javax.swing.JTextField;

public class GUIDemo1 {
    public static void main(String[] args) {
        GridLayoutD f = new GridLayoutD();
        f.setTitle("计算器");
        f.setSize(250, 180);
        f.setLocation(400, 300);
        f.setDefaultCloseOperation(JFrame.EXIT_ON_CLOSE);
```

```
        f.setVisible(true);
    }
}

class GridLayoutD extends JFrame {
    GridLayoutD() {
        add(new JTextField(10), BorderLayout.NORTH);
    }
}
```

运行结果如图 9.4 所示。

图 9.4 子任务 1 GUIDemo1.java 的运行结果

```
//子任务2源代码: GUIDemo2.java
import java.awt.BorderLayout;
import java.awt.GridLayout;
import javax.swing.JButton;
import javax.swing.JFrame;
import javax.swing.JPanel;
import javax.swing.JTextField;
public class GUIDemo2 {
    public static void main(String[] args) {
    GridLayoutD f=new GridLayoutD();

    f.setTitle("计算器");
    f.setSize(250,180);
    f.setLocation(400,300);
    f.setDefaultCloseOperation(JFrame.EXIT_ON_CLOSE);
    f.setVisible(true);
    }
}
class GridLayoutD extends JFrame {
    GridLayoutD() {
        JPanel j=new JPanel();
        j.setLayout(new GridLayout(4,4,4,4));
        j.add(new JButton("1"));
        j.add(new JButton("2"));
        j.add(new JButton("3"));
        j.add(new JButton("+"));
        j.add(new JButton("4"));
```

```
        j.add(new JButton("5"));
        j.add(new JButton("6"));
        j.add(new JButton("-"));
        j.add(new JButton("7"));
        j.add(new JButton("8"));
        j.add(new JButton("9"));
        j.add(new JButton("*"));
        j.add(new JButton("."));
        j.add(new JButton("0"));
        j.add(new JButton("="));
        j.add(new JButton("/"));
        add(j);
        add(new JTextField(10),BorderLayout.NORTH);
    }
}
```

运行结果如图 9.5 所示。

图 9.5 任务 2 GUIDemo2.java 的运行结果

课堂提问

★ 什么是文本框？什么是密码框？什么是文本区？它们有什么不同？

★ 如何设定文本框的初始文字？可以禁止用户在文本框里输入吗？

★ Java 有哪些常见的布局类型？它们各有什么特点？

★ 几种布局类型可以混合使用吗？

现场演练

建立一个框架，使用文本框、密码框、文本区、按钮等组件，配合常见的布局管理器，设计一个用户注册的表单，项目有姓名、密码、确认密码、邮件地址、个人简介等。

任务三 事件响应及界面程序设计

任务描述

子任务 1：向一个框架中添加一个按钮和一个文本框，当用户单击此按钮的时候，在文本框里显示"Hello World!"。

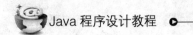

子任务 2：在任务二的程序 GUIDemo2 的基础上，编写事件响应，使它成为一个实用的计算器程序。

必备知识

1. 什么是事件响应

图形界面程序必须不断监视敲击键盘和单击鼠标这样的事件。只有这样，一旦有事件产生，应用程序才能对事件作出响应。编写 Java 图形界面程序必须掌握 Java 处理事件响应的方法。

Java 的 AWT 事件委托模型使用事件源、事件和事件监听器三种对象处理事件响应。事件源通常是按钮、单选按钮等组件对象，或框架等窗口对象。键盘或鼠标在事件源上操作将产生事件。

Java 中的事件用对象表示，事件相关的信息封装在事件对象中。不同的事件源产生不同事件类的对象。例如，单击按钮产生 ActionEvent 的对象，鼠标在框架窗口上操作产生 WindowsEvent 的对象。

2. 如何定义事件响应

事件监听器是类库中的一组接口，每种事件类都有一个负责监听这种事件对象的接口，接口中定义了响应这种事件的方法。例如，单击按钮产生事件类 ActionEvent 的对象，监听这种事件的接口是 ActionListener，这个接口中定义了唯一的一个方法：

```
void actionPerformed(ActionEvent e);
```

这个方法就是响应单击按钮事件的方法，即单击按钮后自动运行的方法。

由于接口自己不能产生对象，最终负责监听事件的是实现了这个接口的类的对象。与实现其他接口一样，实现监听接口必须用同样的方法签名覆盖接口中的抽象方法。重写的方法体就是事件响应程序，即事件产生后自动运行的程序。

实现事件响应最关键的是，一旦产生事件，监听对象必须自动执行响应程序。这在 Java 中是由事件源注册监听对象实现的。每个事件源都有注册事件监听对象的方法。例如，JButton 通过下列方法注册单击按钮事件的监听对象：

```
addActionListener(ActionListener a);
```

a 是接 ActionListener 的引用变量，由于接口不能创建对象，这个变量引用的是实现接口 ActionListener 的类的对象。

如此一来，一旦单击按钮，系统自动产生一个 ActionEvent 事件，如果按钮注册了监听对象，事件对象的引用传送给监听对象的 actionPerformed(ActionEvent e)方法的参变量 e，并自动运行这个方法。因此，actionPerformed(ActionEvent e)方法体中引用变量 e 可以调用 ActionEvent 的方法返回事件有关的信息，ActionEvent 最常用的方法是：

```
getSource()                    //返回事件源对象名
```

解题思路

子任务 1：

① 定义一个名为 GUIDemo1 的类。

② 在容器中装入一个按钮与一个文本框。

③ 对按钮进行监听。

④ 如果按钮被单击，则响应事件为，设置文本框内容为"Hello World!"。

子任务 2：

① 在 GUIDemo2 已有界面的基础上修改程序。

② 对按钮进行监听。

③ 如果数字键或小数点被单击，则将文本框内容附加上数字键或小数点内容。

④ 如果运算符被单击，则将当前文本框内容暂存，清空文本框，将运算符记录下来。

⑤ 如果等号被单击，则将暂存内容取出，再将当前文本框内容取出，将两者用事先记录好的运算符计算，最后将结果提交文本框。

任务透析

```java
//子任务1: 源代码: GUIDemo1.java
import java.awt.event.ActionEvent;
import java.awt.event.ActionListener;
import javax.swing.JButton;
import javax.swing.JFrame;
import javax.swing.JPanel;
import javax.swing.JTextField;

public class GUIDemo1 {
    public static void main(String[] args) {
        Calculator f=new Calculator();
        f.setTitle("事件响应");
        f.setSize(250,180);
        f.setLocation(400,300);
        f.setDefaultCloseOperation(JFrame.EXIT_ON_CLOSE);
        f.setVisible(true);
    }
}

class Calculator extends JFrame implements ActionListener {
    JTextField jt;
    JButton jb;
    Calculator() {
        jt=new JTextField(20);
        jb=new JButton("按钮");
        JPanel jp=new JPanel();
        jp.add(jt);
        jp.add(jb);
        add(jp);
        jb.addActionListener(this);
    }
    public void actionPerformed(ActionEvent e) {
        jt.setText("Hello World!");
```

```
    }
  }
```

运行结果如图 9.6 所示。

图 9.6 子任务 1 GUIDemo1.java 的运行结果

```
//子任务2源代码: GUIDemo2.java
import java.awt.event.ActionEvent;
import java.awt.event.ActionListener;
import javax.swing.JButton;
import javax.swing.JFrame;
import javax.swing.JPanel;
import javax.swing.JTextField;
import java.awt.BorderLayout;
import java.awt.GridLayout;

public class GUIDemo2 {
    public static void main(String[] args) {
    Calculator f=new Calculator();
    f.setTitle("计算器");
    f.setSize(250,180);
    f.setLocation(400,300);
    f.setDefaultCloseOperation(JFrame.EXIT_ON_CLOSE);
    f.setVisible(true);
    }
  }

 class Calculator extends JFrame implements ActionListener {
    JTextField jt;
    JButton jb1, jb2, jb3, jb4, jb5, jb6, jb7, jb8, jb9, jb0, jbdian,
jbjia,
          jbjian, jbcheng, jbchu, jbdeng;
    String flag;
    double result = 0;
    double num1, num2;

    Calculator() {
        JPanel jp = new JPanel();
        jp.setLayout(new GridLayout(4, 4, 4, 4));
        jb1 = new JButton("1");
```

```java
jb2 = new JButton("2");
jb3 = new JButton("3");
jb4 = new JButton("4");
jb5 = new JButton("5");
jb6 = new JButton("6");
jb7 = new JButton("7");
jb8 = new JButton("8");
jb9 = new JButton("9");
jb0 = new JButton("0");
jbjia = new JButton("+");
jbjian = new JButton("-");
jbcheng = new JButton("*");
jbchu = new JButton("/");
jbdeng = new JButton("=");
jbdian = new JButton(".");
jp.add(jb1);
jp.add(jb2);
jp.add(jb3);
jp.add(jbjia);
jp.add(jb4);
jp.add(jb5);
jp.add(jb6);
jp.add(jbjian);
jp.add(jb7);
jp.add(jb8);
jp.add(jb9);
jp.add(jbcheng);
jp.add(jbdian);
jp.add(jb0);
jp.add(jbdeng);
jp.add(jbchu);
jt = new JTextField(20);    // 设置文本框右对齐
jt.setHorizontalAlignment(JTextField.RIGHT);
add(jt, BorderLayout.NORTH);
add(jp);
jb1.addActionListener(this);
jb2.addActionListener(this);
jb3.addActionListener(this);
jb4.addActionListener(this);
jb5.addActionListener(this);
jb6.addActionListener(this);
jb7.addActionListener(this);
jb8.addActionListener(this);
jb9.addActionListener(this);
jb0.addActionListener(this);
jbdian.addActionListener(this);
jbjia.addActionListener(this);
jbjian.addActionListener(this);
jbcheng.addActionListener(this);
```

```
        jbchu.addActionListener(this);
        jbdeng.addActionListener(this);
    }

    public void actionPerformed(ActionEvent e) {
        String s = jt.getText();
        // 如果按下的是"0"~"9"和".",则将其追回显示在文本框 jt 中。
        if (e.getSource() == jb1) {
            jt.setText(s + "1");
        } else if (e.getSource() == jb2) {
            jt.setText(s + "2");
        } else if (e.getSource() == jb3) {
            jt.setText(s + "3");
        } else if (e.getSource() == jb4) {
            jt.setText(s + "4");
        } else if (e.getSource() == jb5) {
            jt.setText(s + "5");
        } else if (e.getSource() == jb6) {
            jt.setText(s + "6");
        } else if (e.getSource() == jb7) {
            jt.setText(s + "7");
        } else if (e.getSource() == jb8) {
            jt.setText(s + "8");
        } else if (e.getSource() == jb9) {
            jt.setText(s + "9");
        } else if (e.getSource() == jb0) {
            jt.setText(s + "0");
        } else if (e.getSource() == jbdian) {
            jt.setText(s + ".");

        // 如果按下的是除了"0"到"9"和"."以外的其他按钮,要做以下处理
        } else if (e.getSource() == jbjia) {
            num1 = Double.parseDouble(s);
            flag = "jia";
            jt.setText("");
        } else if (e.getSource() == jbjian) {
            num1 = Double.parseDouble(s);
            flag = "jian";
            jt.setText("");
        } else if (e.getSource() == jbcheng) {
            num1 = Double.parseDouble(s);
            flag = "cheng";
            jt.setText("");
        } else if (e.getSource() == jbchu) {
            num1 = Double.parseDouble(s);
            flag = "chu";
            jt.setText("");
        } else if (e.getSource() == jbdeng) {
            num2 = Double.parseDouble(s);
```

```
        if ("jia".equals(flag))//判断flag字符串的内容是否等于"jia"
            result = num1 + num2;
        else if ("jian".equals(flag))
            result = num1 - num2;
        else if ("cheng".equals(flag))
            result = num1 * num2;
        else if ("chu".equals(flag))
            result = num1 / num2;
        s = result + "";
        jt.setText(s);  //把s的字内显示到文本框jt中。
    }
  }
}
```

运行结果如图 9.7 所示。

图 9.7　子任务 2 GUIDemo2.java 的运行结果

课堂提问

★ Java 中什么事件源？事件源什么时候产生事件？

★ 什么是监听器？监听器如何实现事件响应？

★ 如何编写程序实现单击按钮响应事件？

现场演练

编写程序，在窗口框架中做三个按钮并编写事件响应。当单击第一个按钮时。改变窗口的大小，当单击第二个按钮时，改变窗口的标题，当单击第三个按钮时，在面板上显示一段文字 "This is a test"，再次单击该按钮时，文字消失。

思 考 练 习

一、选择题

1. Java 编程时一般要用 import 语句导入一些包，如设计图形用户界面时一定用到（　　）。

　　A. java.net　　　　　　　　　　B. java.applet

　　C. java.io　　　　　　　　　　　D. java.awt

2. 按钮可以产生 ActionEvent 事件，实现（　　　）接口可处理此事件。

    A. MouseListener   B. ComponentListener

    C. WindowsListener   D. ActionListener

3. 修改图形用户界面上 JButton 组件上的文字，是修改它的（   ）属性。

    A. Caption   B. Name

    C. Text   D. Value

4. 下列说法错误的是（   ）。

    A. Frame 框架对象是从属于 Applet 和浏览器的一个窗口

    B. 当一个 Frame 窗口被创建后，需要调用 setSize()方法来设置窗口大小

    C. 调用 show()或 setVisible(true)方法来显示 Frame 窗口

    D. Frame 类是 Window 类的子类

5. 要获得产生事件的组件名称，应使用的方法是（   ）。

    A. getSource()   B. getActionCommand()

    C. getCommand()   D. getAction()

二、填空题

1. 编写 GUI 可以使用_____组件，也可以使用_____组件，主要使用后者。

2. _____布局是像卡片一样管理组件，每张卡片上放置一个组件，GridLayer 布局的构造方法 GridLayout(3,4,5,6)中，3 代表_____，6 代表_____。

3. JTextField 构造方法 JTextField(String text)中，text 代表_____。

4. 以下三条语句可以合并为一条语句：

_____

```
import javax.swing.JButton;
import javax.swing.JFrame;
import javax.swing.JPanel;
```

5. 下列程序想在框架中显示一个按钮，指出程序中的三处错误，直接在错误的代码下画线。

```
import javax.swing.JFrame;
class T extends JFrame {
    T() {
        this.getContentPane().add(new JButton("OK"));
    }
}
public class Example {
    public static void main(String args[]) {
        JFrame f=new JFrame();
        f.setSize(200,150);
    }
}
```

上机实训(九)

一、实训题目

图形用户界面编程。

二、实训目的

1. 理解图形用户界面的基本语句及布局方法。
2. 掌握 JPanel、JFrame、JButton、JText 的使用。
3. 理解按钮对象的事件响应。

三、实训内容

实训 1

编写程序，在面板上放两个按钮，把面板加入框架中，然后显示框架。

实训 2

编写程序，在面板上放一个文本框与一个按钮，在文本框中输入内容后再单击按钮，窗口的标题就会变为这段文字。

实训 3

编写程序，在不同文本框中输入学生的姓名、性别、年龄、学号，单击按钮后，所有数据追加到一个文本区。

四、实训报告要求

1. 源程序代码。
2. 测试数据和结果。
3. 实验心得与体会。

多 线 程 〈〈〈

项目描述

在 Java 中，实现多线程有两种方法，本项目分别介绍了这两种不同的方法如何实现多线程。在多个线程对同一共享资源进行写操作时可能会引发错误，本项目还演示了使用线程的同步操作来避免这种错误。

项目分解

本项目可分解为以下几个任务：

● 用 Thread 类实现多线程；

● 用 Runnable 接口实现多线程；

● 线程的同步与死锁。

任务一　用 Thread 类实现多线程

任务描述

利用 Thread 类实现多线程；模拟两个线程同时数鸭子的过程。

必备知识

1. 多线程的概念

要了解多线程的概念，首先要了解线程。什么是线程呢？线程是指可以独立并发执行的程序单元。而多线程是指程序中同时存在的多个执行体，它们按照自己的执行路线并发工作，独立完成各自的功能，互不干扰。多线程通过加快程序的响应速度，提高了计算机资源利用率，从而达到提高整个应用系统性能的目的。

2. 线程的生命周期

每个线程都是 Thread 类及其子类的对象。线程的生命周期有以下五个状态，各状态之间的转换如图 10.1 所示。

（1）新生状态：对象初始化后就进入新生状态，为其分配内存空间。

（2）就绪状态：通过 start()方法进入就绪状态，进入线程队列，等待 CPU。

（3）运行状态：运行自己的 run()方法，直到调用其他方法、完成任务、资源阻塞等终止。

（4）阻塞状态：就是在运行状态由于资源得不到满足让出 CPU，进入阻塞状态。进入阻塞状态的线程要想重新获得运行，需要三个步骤：一、等待阻塞的原因消除；二、重新进入就绪队列按顺序排队；三、等待调度，获得 CPU 后从终止的地方继续执行。

（5）消亡状态：两种情况进入消亡状态。

① 正常运行的线程完成了它的工作内容。

② 被强制终止，如：调用 stop()或 destroy()方法。

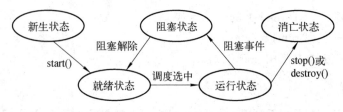

图 10.1　线程的状态转换

3. 实现多线程的两种方法

在 Java 中有两种实现多线程的方法，一种是通过继承 Thread 类，另一种是实现 Runnable 接口。Thread 类是在 java.lang 包中定义的，一个类要想实现多线程，只要继承 Thread 类，并重写 Thread 类的 run()方法即可。在本任务中，我们先来学习通过继承 Thread 类来实现多线程的方法，另一种通过实现 Runnable 接口来实现多线程的方法在任务二中介绍。

API 文档中显示的 Thread 类的继承关系如图 10.2 所示。

java.lang
类 Thread

java.lang.Object
└ java.lang.Thread

所有已实现的接口：
Runnable

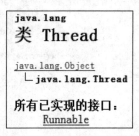

图 10.2　Thread 类的继承关系

Thread 类的 run()方法如图 10.3 所示。

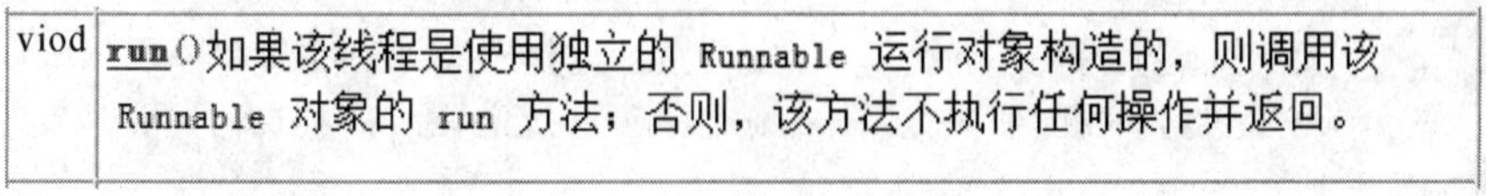

viod	run() 如果该线程是使用独立的 Runnable 运行对象构造的，则调用该 Runnable 对象的 run 方法；否则，该方法不执行任何操作并返回。

图 10.3　Thread 类的 run()方法

4. 继承 Thread 类来实现多线程

```
[格式 通过 Thread 类实现多线程]
class  类名  extends  Thread{
```

```
    属性;    //定义类的属性
    ...
    方法;  //定义类的方法
    ...
    public void run(){  //重写 Thread 类的 run()方法
        线程主体;
    }
}
```

解题思路

1. 首先创建一个 Thread 类的一个子类。
2. 在子类中实现 run()方法。
3. 在 main()方法中调用 start()方法。

任务透析

```java
// 任务源代码: ThreadDemo1Test.java
package com;
class ShuYaZiThread extends Thread{
    private String name;
    public ShuYaZiThread(String name){
        this.name=name;
    }
    public void run(){
        for(int i=0;i<=10;i++){
            System.out.println(name+": 第"+i+"只鸭子");
                try {
                 Thread.sleep(500);
                } catch (InterruptedException e) {
                    e.printStackTrace();
                }
        }
    }
}
public class ThreadDemo1Test {
    public static void main(String[] args){
        ShuYaZiThread mt1 = new ShuYaZiThread("王文轩");
        ShuYaZiThread mt2 = new ShuYaZiThread("孙桐桐");
        mt1.start();
        mt2.start();
    }
}
```

运行结果如图 10.4 所示。

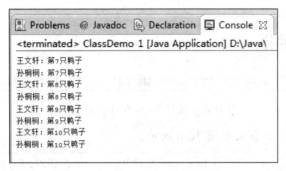

图 10.4　任务的运行结果

本任务案例中,两个对象 mt1 和 mt2 分别调用了 start()方法启动了两个线程。start()方法的调用并不是立即执行多线程代码,而是使得线程变为就状行态,什么时候运行是由操作系统调度的。

Thread.sleep(500)的作用是,让线程休眠指定的时间,单位是毫秒,目的是不让当前线程独自霸占所获取的 CPU 资源,让其他线程有执行的机会。因为计算机执行 10 次循环的速度非常快,为避免当第二个线程启动前第一个线程已经运行完毕,让大家误以为两个线程并没有交替执行,所以让每次打印暂停一下,或将 i 值设置大些。多线程的执行顺序是不确定的,每次执行的结果都是随机的。

课堂提问

★ 进程和线程的区别是什么?

★ 线程的生命周期有哪几种状态?这几种状态间是如何转换的?

★ 启动多线程的应该调用什么方法?

现场演练

模仿任务,利用 Thread 类实现多线程,模拟三个人同时派发招生简章的情形,假设每人要派发 100 份。

任务二　用 Runnable 接口实现多线程

任务描述

利用 Runnable 接口实现多线程;模拟两个线程同时数鸭子的过程。

必备知识

1. 利用接口 Runnable 来实现多线程

Java 中有两种实现多线程的方法,一种是通过继承 Thread 类,另一种是实现 Runnable 接口。任务一中介绍了通过 Thread 类来实现多线程,本任务介绍通过实现接口 Runnable 来实现多线程。如图 10.5 所示。

```
java.lang
接口 Runnable

所有已知实现类：
AsyncBoxView.ChildState, FutureTask, RenderableImageProducer, Thread, TimerTask
```

图 10.5　接口 Runnabler 的实现类

接口 Runnable 中的方法如图 10.6 所示。

void	run()使用实现接口 Runnable 的对象创建一个线程时，启动该线程将导致在独立执行的线程中调用对象的 run 方法。

图 10.6　接口 Runnable 中的方法

通过 Runnable 接口实现多线程的语法格式如下：

```
[格式 通过 Runnable 接口实现多线程]
 class 类名 implements Runnable{
     属性; //定义类的属性
     …
     方法; //定义类的方法
     …
     public void run(){ //重写 Runnable 接口中的 run()方法
         线程主体;
     }
}
```

2. 线程的几个重要方法

（1）sleep(long millis)：让一个线程进入休眠状态，即使程序的执行暂停一段指定的时间，单位为毫秒。

（2）setName(String name)：设置线程名称。

（3）getName()：返回线程的名称。

（4）currentThread()：返回当前的线程，返回类型为 Thread。

（5）isAlive()：判断线程是否处在动行状态，如果是返回 true,否则返回 false。

（6）yield()：将目前正在执行的线程暂停。

解题思路

（1）设计一个实现接口 Runnable 的类。

（2）重写线程的 run()方法。

（3）创建一个该类的对象。

（4）以此对象为参数建立 Thread 类对象。

（5）Thread 对象调用 start()方法。

任务透析

```
//任务源代码: ThreadDemo2Test.java
    package com;
class ShuYaZiThread implements Runnable{
```

```
        private String name;
        public ShuYaZiThread (String name){
            this.name=name;
        }
        public void run(){
            for(int i=0;i<=10;i++){
                System.out.println(name+": 第"+i+"只鸭子");
                    try {
                        Thread.sleep(500);
                    } catch (InterruptedException e) {
                        e.printStackTrace();
                    }
            }
        }
    }
    public class ThreadDemo2Test {
        public static void main(String[] args){
            ShuYaZiThread mt1 = new ShuYaZiThread ("王文轩");
            ShuYaZiThread mt2 = new ShuYaZiThread ("孙桐桐");
         Thread t1 = new Thread(mt1);
         Thread t2 = new Thread(mt2);
            t1.start();
            t2.start();
        }
    }
```

运行结果如图 10.7 所示。

图 10.7 任务的运行结果

本任务案例中，ShuYaZiThread 类通过实现 Runnable 接口，使得该类有了多线程类的特征。run()方法是多线程的一个约定，所有的多线程代码都在 run 方法里面。不管是继承 Thread 类还是实现 Runnable 接口来实现多线程，启动多线程仍然是使用 Thread 类的 start()方法，因此使用了 Thread 类的构造方法 public Thread(Runnable target)，接收了 Runnable 的子类实例对象。熟悉 Thread 类的 API 是进行多线程编程的基础。

课堂提问

★ 在 Java 中有几种实现多线程的方法？
★ 继承 Thread 类和实现 Runnable 接口的区别是什么？
★ 线程的主体方法是什么？

现场演练

利用 Runnable 接口实现多线程，模拟三个人同时派发招生简章的情形，假设每人要派发 100 份。

任务三   线程的同步与死锁

任务描述

子任务 1：某商家十周年店庆，免费赠送 100 份礼品，前 100 名申请的用户可获得赠品。假设没有限制每个账号索取的份数，并假定当前有 4 个用户正在同时申请赠品。本任务通过使用线程同步代码块来避免赠品出现负数的这种错误。

子任务 2：多个线程对同一共享资源进行写操作时可能引发错误。本任务通过使用线程同步方法块来避免赠品出现负数的这种错误。

必备知识

1. 多线程资源共享安全问题

多个线程同时操作一个对象，则此对象称为共享对象。只对共享对象进行读操作时，是不存在进程共享资源的安全性问题的。但是，如果要对共享对象进行写操作，那么在一个线程进行写操作的过程中，为保证结果的正确性，其他线程是不能同时对共享资源进行写操作的。

示例 1：某商家十周年店庆，免费赠送 100 份礼品，前 100 名申请的用户可获得赠品。假设没有限制每个账号索取的份数，假定当前有 4 个用户在同时申请赠品。可用以下代码表示运行结果，如图 10.8 所示。

```java
class GetGiftThread implements Runnable{
    private int gift = 100;
    public void run(){
        for (int i=0;i<100;i++){
            if(gift>0){
                try{
                    Thread.sleep(100);
                }catch(InterruptedException e){
```

```
                        e.printStackTrace();
                    }
                    System.out.println("恭喜您成功申请到赠品!");
                    System.out.println("赠品还剩:"+(--gift)+"份");
                }
            }
        }
    }


public class Example1 {
    public static void main(String[] args) {
        GetGiftThread gt = new GetGiftThread();//定义线程对象
        Thread t1 = new Thread(gt);
        Thread t2 = new Thread(gt);
        Thread t3 = new Thread(gt);
        Thread t4 = new Thread(gt);
        t1.start();//启动线程
        t2.start();
        t3.start();
        t4.start();
    }
}
```

图 10.8　示例 1 的运行结果

示例分析：从程序运行结果发现赠品出现了负数。这是因为当 gift=1 时，gift>0 条件是成立的，当条件成立时我们并没有让线程马上进行 gift 自减 1 的操作，而是在加入了 0.1s 的延时。那么在这 0.1s 的时间里，其他线程又执行了 gift>0 的判断，条件成立，都去申请赠品，最后导致赠品数为负数的情况，这显然是不正确的。那么如何解决这一问题呢？要想避免出现此种情况，可以使用同步代码块和同步方法来实现线程的同步操作。

2. 线程的同步操作

在多线程程序中，对要进行读取的共享资源是不需要同步的，但对于要进行写的共享资源却是需要同步的。线程的同步是保证多线程安全访问共享资源的一种手段，可使用同步代码块和同步方法来实现线程的同步操作。

（1）同步代码块：

```
[格式 同步代码块]{
  synchronized(同步对象)
    需要同步的代码;
}
```

在同步代码块格式中，synchronized 关键字后跟的是同步对象 object，一般我们将当前对象 this 设置为同步对象。用关键字 synchronized 定义的同步代码块，表示当前对象（对应的是某个线程）在执行此代码块时，其他对象（线程）是不能执行此代码块的。

（2）同步方法：

```
[格式 同步方法]
  synchronized  方法返回值  方法名(参数列表){
  }
```

同步方法实际就是在方法前加上 synchronized 修饰符。同步方法和同步代码块作用相同，在程序运行过程中，如果某一线程调用经 synchronized 修饰的方法，在该线程结束此方法的运行之前，其他所有线程都不能运行该方法。只有等该线程完成此方法的运行后，其他线程才能运行该方法。

解题思路

子任务 1：

① 创建申请赠品类 GetGiftThread，申请赠品这个操作充许多个用户同时进行，该类要实现了多线程。

② 当某个线程比较到 100 份赠品还没送完时（即 gift>0），则可成功申请到赠品，并且赠品数要减 1。

③ 把判断赠品是否为零和申请赠品、赠品数减 1 操作放到同步代码块中。

④ 创建主类，创建主方法，在主方法中定义进程对象，创建四个线程并启动。

子任务 2：重复以上 4 步，将步骤 3 改为同步方法实现。

任务透析

```java
// 子任务1源代码: ThreadDemo1Test.java
class GetGiftThread implements Runnable{
    private int gift = 100;
    public void run(){
        for (int i=0;i<100;i++){
            synchronized(this){
                if(gift>0){
                    try{
                        Thread.sleep(100);
                    }catch(InterruptedException e){
                        e.printStackTrace();
                    }
                    System.out.println("恭喜您成功申请到赠品!");
                    System.out.println("赠品还剩:"+(--gift)+"份");
```

```
                            }
                    }
                }
            }
    }

public class ThreadDemo1Test {
    public static void main(String[] args) {
        GetGiftThread gt = new GetGiftThread();//定义线程对象
        Thread t1 = new Thread(gt);
        Thread t2 = new Thread(gt);
        Thread t3 = new Thread(gt);
        Thread t4 = new Thread(gt);
        t1.start();//启动线程
        t2.start();
        t3.start();
        t4.start();
    }
}


// 子任务2源代码: ThreadDemo2Test.java
class GetGiftThread implements Runnable{
    private int gift = 100;
    public void run(){
        for (int i=0;i<100;i++){
            this.apply();
        }
    }


public synchronized void apply(){
        if(gift>0){
        try{
            Thread.sleep(100);
        }catch(InterruptedException e){
            e.printStackTrace();
        }
        System.out.println("恭喜您成功申请到赠品!");
        System.out.println("赠品还剩:"+(--gift)+"份");
        }
    }
}


public class ThreadDemo2Test {
    public static void main(String[] args) {
        GetGiftThread gt = new GetGiftThread();//定义线程对象
        Thread t1 = new Thread(gt);
        Thread t2 = new Thread(gt);
        Thread t3 = new Thread(gt);
        Thread t4 = new Thread(gt);
        t1.start();//启动线程
        t2.start();
        t3.start();
        t4.start();
```

```
        }
    }
```

子任务 1 运行结果如图 10.9 所示，子任务 2 运行结果如图 10.10 所示。

图 10.9 子任务 1 ThreadDemo1Test 的运行结果   图 10.10   子任务 2 ThreadDemo2Test 的运行结果

从图 10.9 和图 10.10 的运行结果可知，不管使用同步代码块还是同步方法，都能解决赠品份数出现负数的情形，让程序结果正常。

课堂提问

★ 在多线程程序中，哪些共享资料需要进行同步操作？

★ 线程同步目的是什么？

★ 有什么方法可实现同步？

现场演练

模拟售票系统在多个售票点同时卖票的过程，注意要用同步操作以保证票数不会出现负数的情形。

知识链接

死锁的概念

所谓死锁是指两个线程互相等待对方的资源，在对方释放所占用的资源前，谁也不愿意让出自己所占用的资源使对方能够执行完，导致程序不能继续推进，从而造成死锁。

死锁的原因

为保证共享资源操作的正确性和完整性，多个线程共享同一资源时需要同步，但过多的同步可能会导致死锁。

死锁的解决方法

要想避免死锁，可加入等待与唤醒操作。在 Object 类中有定义线程等待和唤醒进程的方法。让线程等待的方法是 wait()，唤醒一个线程的方法是 notify()，唤醒所有等待线程的方法是 notifyAll()。对此部分内容有兴趣的同学可查阅相关资料。

思 考 练 习

一、选择题

1. 下列关于线程的叙述错误的是（　　　）。

  A. 线程调用 start()方法从新建状态进入就绪队列排队

  B. 当 run()方法执行完毕，线程就变成死亡状态

  C. 线程处于新建状态时，调用 isAlive()方法返回 true

  D. sleep 方法可以暂停一个线程的执行，在适当的时候再恢复其执行

2. 下面有关 Java 线程的说法正确的是（　　　）。

  A. wait()方法是 Thread 类特有的方法

  B. 任何对象都有 wait()方法

  C. 任何情况下都可以调用任何对象的 wait()方法，使当前线程等待

  D. 只有锁对象有 notify()方法，其他对象没有该方法

3. 下面关于 Java 线程描述正确的是（　　　）。

  A. Java 的线程一定是 Thread 类或其子类的对象

  B. 通过调用线程的 run()方法启动线程

  C. 一般情况下，多个线程间的具体执行顺序是可以预知的

  D. 通过实现 Runnable 接口也可以创建线程，这时的线程对象就不是 Thread 类或其子类的对象

4. Java 语言具有许多优点和特点，下列选项中（　　　）反映了 Java 程序并行机制的特点。

  A. 安全性　　　　　　　　　　　B. 多线性

  C. 跨平台　　　　　　　　　　　D. 可移植

5. 下面（　　　）类定义了对多线程支持的等待 wait()操和唤醒 nitify()操作。

  A. Object　　　　　　　　　　　B. Class

  C. Applet　　　　　　　　　　　D. Frame

二、读程序写结果

1. 有以下程序段：

```
class MyThread extends Thread {
    public static void main(String args[]) {
        MyThread t = new MyThread();
        MyThread s = new MyThread();
        t.start();
        System.out.print("one.");
        s.start();
        System.out.print("two.");
    }
    public void run() {
```

```
        System.out.print("Thread");
    }
}
```

程序运行结果为：_____

2. 编译和运行下面代码时显示的结果是_____

3. 分析下面的 Java 程序段输出结果为_____

```
public class Tux extends Thread{
    static String sName = "vandeleur";
    public static void main(String argv[]){
        Tux t = new Tux();
        t.piggy(sName);
        System.out.println(sName);
    }
    public void piggy(String sName){
        sName = sName + " wiggy";
        start();
    }
    public void run(){
        for(int i=0;i < 4; i++){
            sName = sName + " " + i;
        }
    }
}


public class yy {
    public static void main(String[] args) throws Exception {
        try {
            throw new Exception();
        }catch(Exception e){
        System.out.print("Caught in main()");
        }
        System.out.print("Nothing");
    }
}
```

上机实训（十）

一、实训题目

多线程程序设计。

二、实训目的

1. 理解多线程机制。

2. 掌握多线程的实现方法。

3. 理解同步操作的意义，掌握同步操作的实现。

三、实训内容

实训1

模拟书写比赛过程：有三个人在比赛写字，每人需要从阿拉伯数字 1 写到 100，看谁最先完成。

实训2

校园举办创业大赛，每支参赛队伍由四位同学组成，大赛为每支参赛队伍开设一银行账号，账号里边有 1 000 元创业基金。规定：其中的两位同学有取钱权限，用于购置物资。另外两位同学有存钱权限，用于将营利的资金存回到账号中。模拟银行系统对用户存款和取款的处理过程。

四、实训报告要求

1. 源程序代码。
2. 测试数据和结果。
3. 实验心得与体会。

Java 网络编程 ‹‹‹

项目描述

网络编程技术是当前一种主流的编程技术，随着互联网的发展，网络编程技术在实际开发中大量地应用到。本项目介绍了网络编程的基础知识，通过案例演示了 TCP 和 UDP 两种网络通信方式在 Java 语言中的实现。

项目分解

本项目可分解为以下几个任务：

● 网络编程——InetAddress 类的应用；

● TCP 网络编程；

● UDP 网络编程；

● 多线程与网络编程的综合应用。

任务一 网络编程 InetAddress 类的应用

任务描述

InetAddress 类的应用：分别使用域名和 IP 创建 InetAddress 类的对象，并调用类中相关的方法获取对象的域名和 IP。

必备知识

1. 计算机网络的几个术语

（1）IP 地址：为了能够方便地识别网络上的每个设备，网络中的每个设备都会有一个唯一的数字标识，这个数字标识就是 IP 地址。

（2）域名：由于 IP 地址不容易记忆，为了方便记忆，使用域名（Domain Name），例如 baidu.com。一个 IP 地址可以对应多个域名，一个域名只能对应一个 IP 地址。

（3）端口：在同一个计算机中每个程序对应唯一的端口（port），一个计算机可以同时运行多个程序。

2. 网络编程概述

（1）网络编程概念：网络编程就是两个或多个程序之间的数据交换。Java 中有专门的 API 实现发送和接收数据功能，只需调用即可。

（2）客户端和服务器：网络通信基于"请求–响应"模型。在网络通信中，主动发起通信的程序称为客户端程序，简称客户端(Client)，而在通信中等待连接的程序称为服务器端程序，简称服务器(Server)。常见的网络编程结构有 C/S 和 B/S。其中，C/S 结构是"客户端/服务器（Client/Server）"结构；而 B/S 是"浏览器/服务器（Browser/Server）"，B/S 结构不使用专用的客户端，而使用通用的客户端（如浏览器）。另外，还有 P2P(Point to Point) 程序，它是一种特殊的程序，在一个 P2P 程序中既包含客户端程序，也包含服务器端程序，常见的如 BT、电驴等。如 BT，使用客户端程序部分连接其他的服务器端，而使用服务器端向其他的 BT 客户端传输数据。

B/S 结构的编程中只需要实现服务器端即可，所以，下面介绍网络编程的步骤时，均以 C/S 结构为基础进行介绍。

3. 网络通信方式

在现有的网络中，网络通信方式主要有两种：TCP(传输控制协议)方式和 UDP(用户数据报协议)方式。

4. java.net 包

网络编程有关的基本 API 位于 java.net 包中，该包中既包含基础的网络编程类，也包含封装后的专门处理 Web 相关业务的处理类。java.net 包常用的类如图 11.1 所示。

```
类
Authenticator
CacheRequest
CacheResponse
ContentHandler
CookieHandler
DatagramPacket
DatagramSocket
DatagramSocketImpl
HttpURLConnection
Inet4Address
Inet6Address
InetAddress
InetSocketAddress
JarURLConnection
MulticastSocket
NetPermission
NetworkInterface
PasswordAuthentication
Proxy
ProxySelector
ResponseCache
SecureCacheResponse
ServerSocket
Socket
SocketAddress
SocketImpl
SocketPermission
URI
URL
URLClassLoader
URLConnection
URLDecoder
URLEncoder
URLStreamHandler
```

图 11.1　java.net 包常用

解题思路

（1）声明 InetAddress 对象 inet1、inet2、inet3。使用域名创建对象，并输出该对象。

（2）使用 IP 创建对象，并输出该对象。

（3）调用 InetAddress 类的 getLocalHost()方法获得本机地址对象，并输出。

（4）利用 getHostName()，获得对象中存储的域名。

（5）利用 getHostAddress()，获得对象中存储的 IP。

任务透析

```java
//任务源代码：InetAddressDemo.java
package task11_1;

import java.net.*;
public class InetAddressDemo {
    public static void main(String[] args) {
        try {
            // 使用域名创建对象
            InetAddress inet1=null;
            InetAddress inet2=null;
```

```
            InetAddress inet3=null;
            inet1 InetAddress.getByName("www.baidu.com");
            System.out.println(inet1);
            // 使用 IP 创建对象，127.0.0.1 为本机 IP
            inet2=InetAddress.getByName("127.0.0.1");
            System.out.println(inet2);
            // 获得本机 InetAddress 对象
            inet3=InetAddress.getLocalHost();
            System.out.println(inet3);
            // 获得对象中存储的域名
            String host=inet3.getHostName();
            System.out.println("域名: "+host);
            // 获得对象中存储的 IP
            String ip=inet3.getHostAddress();
            System.out.println("IP:"+ip);
        } catch (Exception e) {
        }
    }
}
```

程序运行结果如图 11.2 所示。

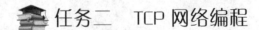

```
Problems | @ Javadoc | Declaration | Console ✕
<terminated> InetAddressDemo [Java Application] D:\Pro
www.baidu.com/112.80.248.74
/127.0.0.1
x6x8-20131016MR/192.168.56.9
域名: x6x8-20131016MR
IP:192.168.56.9
```

图 11.2　任务的运行结果

本任务案例演示了 InetAddress 类的应用，使用了该类中的几个常用方法。由于该代码中包含一个互联网的网址，当网络不通时会将产生异常。

课堂提问

★ 在同一个计算机中，同一个端口可以分配给两个不同的应用程序吗？

★ IP 地址和域名有何区别与联系？

现场演练

把代码中的域名改为谷歌或新浪，看看得到的是怎样的运行结果。

任务二　TCP 网络编程

任务描述

实现 TCP 方式网络编程，实现的功能是客户端向服务器端发送问候信息，并将服务器端的反馈显示到控制台。要求分别演示在客户端和服务器端的实现步骤。

必备知识

1. TCP 网络编程

网络通信的方式有 TCP 和 UDP 两种，其中 TCP 方式是在通信的过程中保持连接，其特点是可靠的、双向的、持续的、点对点传输。Java 中使用 Socket（套接字）完成 TCP 程序的开发，服务器端使用 ServerSocket，客户端使用 Socket，每一个 Socket 代表一个客户端。

ServerSocket 类常用的方法如图 11.3 所示，Socket 类常用的方法如图 11.4 所示。

Socket	accept()侦听并接收到此套接字的连接
InetAddress	getInetAddress()返回此服务器套接字的本地地址
boolean	isClosed()返回 ServerSocket 的关闭状态
void	close()关闭此套接字

图 11.3 ServerSocket 类常用方法

InputStream	getInputStream()返回此套接字的输入流
OutputStream	getOutputStream()返回此套接字的输出流
void	close()关闭此套接字
boolean	isClosed()返回套接字的关闭状态

图 11.4 Socket 类常用方法

2. TCP 客户端编程步骤

客户端的网络编程步骤一般由 3 个步骤组成。

（1）建立网络连接。在建立网络连接时需要指定连接到的服务器的 IP 地址和端口号，建立完成以后，会形成一条虚拟的连接，后续的操作就可以通过该连接实现数据交换。

（2）数据交换。连接建立以后，就可以通过这个连接交换数据。交换数据严格按照请求响应模型进行，由客户端发送一个请求数据到服务器，服务器反馈一个响应数据给客户端，客户端若不发送请求服务器端就不响应。根据逻辑需要，可以多次交换数据，但是必须遵循"请求-响应"模型，所谓"请求-响应"模型是指通信的一端发送数据，另外一端反馈数据。

（3）关闭网络连接。在数据交换完成以后，关闭网络连接，释放程序占用的端口、内存等系统资源，结束网络编程。

3. TCP 服务器端编程步骤

服务器端的网络编程步骤一般由四个步骤组成：

（1）监听端口。服务器端启动后，不需要发起连接请求，服务器端只需监听本地计算机的某个固定端口即可，这个端口就是服务器端开放给客户端的端口。

（2）获得连接。当客户端连接到服务器端时，服务器端就获得一个连接，这个连接包含客户端的信息，如客户端 IP 地址等，服务器端和客户端通过该连接进行数据交换。

（3）数据交换。服务器端通过获得的连接进行数据交换。服务器端的数据交换步骤是首先接收客户端发送过来的数据，然后进行逻辑处理，再把处理以后的结果数据发送给客户端。

（4）关闭连接。当服务器程序关闭时，需要关闭服务器端，通过关闭服务器端使得服务器监听的端口以及占用的内存可以释放出来，实现了连接的关闭。

TCP 方式是需要建立连接的，服务器端的压力比较大，而 UDP 是不需要建立连接的，对于服务器端的压力比较小。

解题思路

在使用 TCP 方式进行网络编程时，需要按照前面介绍的网络编程步骤进行。

客户端实现步骤如下：

① 建立连接，在 Java 网络编程中以 Socket 类的对象代表网络连接，建立客户端网络连接，也就是创建 Socket 类的对象。

例如：Socket socket1=new Socket("localhost"，8800)；表示创建 Socket 对象 socket1 连接到本地计算机的 8800 号端口。也可以改为另一台计算机的 IP 或域名来创建连接对象。例如：Socket socket2=new Socket("www.baidu.com"，80)；表示连接到域名是 www.baidu.com 的计算机的 80 号端口。

② 进行网络数据交换。连接建立后，接着的步骤就是按照"请求-响应"模型进行数据交换。在 Java 中，数据传输功能由 Java IO 实现，从连接中获得输入流和输出流，然后将需要发送的数据写入连接对象的输出流中。

③ 数据交换完成，关闭网络连接，释放网络连接所占用的各种资源。用 close() 方法关闭网络连接。

服务器端实现的步骤如下：

① 监听端口。这是服务器端编程的第一个步骤，也就是监听是否有客户端连接到达。实现服务器端监听的代码为：

```
ServerSocket  ss=new ServerSocket(8800);
```

该代码的功能是监听当前计算机的 8800 号端口，如果在执行该代码时，若 8800 端口号已被其他程序占用，程序将会抛出异常，否则将实现监听。

② 获得连接。这是服务器端编程的第二个步骤。当有客户端连接到达时，服务器就建立一个和客户端连接对应的 Socket 连接对象，并释放客户端连接对服务器端端口的占用。实现获得连接的代码为：

```
Socket  socket=ss.accept();
```

accept()表示接收客户端连接，该方法是一个阻塞方法，也就是当没有连接到达时，程序将阻塞，直到连接到达时才执行该行代码。获得连接后，后续的编程步骤和客户端类似。

③ 关闭服务器端连接。完成服务器端通信后，要关闭连接，用方法 close()。

任务透析

1. 客户端代码：SocketClientDemo2.java

```java
package task2;
import java.io.*;
import java.net.*;
public class SocketClientDemo2{
    public static void main(String[] args){
        Socket socket=null;
        InputStream is=null;
        OutputStream os=null;
        String data="你好！来自客户端的问候";        //要发送的内容
        try {
            socket=new Socket("localhost", 8800);  //指定连接主机及端口
            // 发送数据
            os=socket.getOutputStream();
            os.write(data.getBytes());
            // 接收数据
            is=socket.getInputStream();
            byte[] b=new byte[1024];
            int n=is.read(b);
            // 输出反馈数据
            System.out.println("服务器反馈: "+new String(b, 0, n));
        } catch (Exception e){
            e.printStackTrace();
        } finally {
            try {
                // 关闭流和连接
                is.close();
                os.close();
                socket.close();
            } catch (Exception e){
                e.printStackTrace();
            }
        }
    }
}
```

运行结果如图 11.5 所示。

图 11.5 任务客户端程序的运行结果

在该任务案例中，Socket 类代表客户端连接，在客户端连接建立了一个连接到 IP

地址为 localhost（本机）端口号码为 8800 的 TCP 类型的网络连接，然后获得连接的输出流对象，将需要发送的字符串 data 转换为 byte 数组写入到输出流中，由系统将输出流中的数据发送出去，如果需要强制发送，可以调用输出流对象的 flush() 方法实现。

在数据发送出去以后，从连接对象的输入流中读取服务器端的反馈信息，读取时可以使用 IO 中的各种读取方法进行读取，从输入流中读取到的内容就是服务器端的反馈，并将读取到的内容在客户端的控制台进行打印输出，最后关闭打开的流和网络连接对象。

2. 服务器端代码：SocketServerDemo2.java

```java
package task2;
import java.io.*;
import java.net.*;
public class SocketServerDemo2{
    public static void main(String[] args){
        ServerSocket serverSocket=null;
        Socket socket=null;
        OutputStream os=null;
        InputStream is=null;
        try {
            // 服务器在 8800 端口上进行监听
            serverSocket=new ServerSocket(8800);
            System.out.println("服务器端已经启动了，等待客户端的连接...");
            //接收客户端连接
            socket=serverSocket.accept();
            // 获得客户端发送的信息
            is=socket.getInputStream();
            byte[] b=new byte[1024];
            int n=is.read(b);
            // 输出
            System.out.println("客户端发送过来的内容是: "+new String(b, 0, n));
            // 向客户端发送反馈内容
            os=socket.getOutputStream();
            os.write(b, 0, n);
        } catch (Exception e){
            e.printStackTrace();
        } finally {
            try {
                // 关闭流和连接
                os.close();
                is.close();
                socket.close();
                serverSocket.close();
            } catch (Exception e){
                e.printStackTrace();
            }
```

```
            }
        }
    }
```

运行结果如图 11.6 所示。

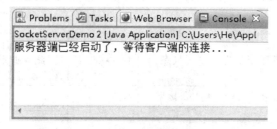

图 11.6　任务服务器端程序的运行结果

在本任务中，ServerSocket 类代表服务器端连接，在服务器端建立了一个监听当前计算机 8800 号端口的服务器端 Socket 连接，然后获得客户端发送过来的连接。如果有连接到达时，读取连接中发送过来的内容，并将发送的内容在控制台进行输出。输出完成以后将客户端发送的内容再反馈给客户端。最后关闭流和连接对象，程序结束。

课堂提问

★ TCP 网络编程方式中，主要是利用哪两个类实现的？

★ 简述在 TCP 网络编程中，客户器端和服务器端各自的编程步骤。

现场演练

本任务是在同一台计算机中进行发送和接收信息的，请修改程序代码，完成在两台计算机之间收发信息。

任务三　UDP 网络编程

任务描述

本任务的功能是实现将客户端程序的系统时间发送给服务器端，服务器端接收到时间以后，向客户端反馈字符串"Hello Java"。客户端程序的输出结果为：服务器端反馈为："Hello Java"。

必备知识

1. UDP 网络编程

网络的两种通信方式是 TCP 和 UDP 方式。UDP（User Datagram Protocol，用户数据报协议）是不可靠的连接，此种方式无须建立专用的虚拟连接，它对服务器的压力要比 TCP 小得多，常用在各种聊天工具中。使用 UDP 方式最大的缺点是传输不可靠。

UDP 也是包含在 java.net 包中的。UDP 方式也是包含客户端和服务器端的网络编程，主要由 DatagramSocket 和 DatagramPacket 两个类来实现。UDP 方式中，传输的数据必须被处理成 DatagramPacket 类型的对象，该对象中包含发送到的地址、端口号以及发送内容等。

DatagramSocket 常用的方法如图 11.7 所示，DatagramPacket 常用的方法如图 11.8 所示。

boolean	**isConnected**()返回套接字的连接状态
void	**receive**(DatagramPacket p)从此套接字接收数据报包
void	**send**(DatagramPacket p)从此套接字发送数据报包

图 11.7　DatagramSocket 常用的方法

InetAddress	**getAddress**()返回某台机器的 IP 地址,此数据报将要发往该机器或者是从该机器接收到的
byte[]	**getData**()返回数据缓冲区
int	**getLength**()返回将要发送或接收到的数据的长度

图 11.8　DatagramPacket 常用的方法

2. UDP 客户端编程步骤

UDP 网络编程，编程步骤和 TCP 方式类似，只是所用的类和方法不同。下面先学习 UDP 方式的客户端实现过程，UDP 客户端编程由四个步骤组成，分别是：建立连接、发送数据、接收数据和关闭连接。

（1）建立连接。UDP 方式的建立连接和 TCP 方式不同，只需要建立一个连接对象即可，不需要指定服务器的 IP 和端口号码。实现的代码为：

```
DatagramSocket ds=new DatagramSocket();
```

这样就建立了一个客户端连接，该客户端连接使用系统随机分配的一个本地计算机的未使用端口号。也可以通过指定连接使用的端口号来创建客户端连接。例如：

```
DatagramSocket ds=new DatagramSocket(8880);
```

该代码是使用本地计算机的 8880 号端口建立了一个连接，在建立客户端连接时一般不必指定端口号。

（2）发送数据。在 UDP 网络编程方式中，发送数据时，需要先将要发送的数据转换为 byte 数组，然后将数据内容、服务器 IP 和服务器端口号一起构造成一个 DatagramPacket 类型的对象，这样数据准备就完成了，发送时调用网络连接对象中的 send( )方法发送该对象即可。

UDP 方式在进行网络通信时，也遵循"请求–响应"模型，在发送数据完成以后，就可以接收服务器端的反馈数据。但按照 UDP 协议的约定，在进行数据传输时，系统只负责传输，并不保证数据一定能正确到达。

（3）接收数据。当数据发送出去以后，就可以接收服务器端的反馈信息。接收数据是这样实现的：首先构造一个数据缓冲数组，用于存储接收到的服务器端反馈数据，接着以该缓冲数组为基础构造一个 DatagramPacket 数据包对象，然后调用连接对象的 receive()方法接收数据就可以了。接收到的服务器端反馈数据存储在 DatagramPacket 类型的对象内部。

（4）关闭连接。UDP 客户端网络编程的最后一个步骤就是关闭连接。虽然 UDP

方式不建立专用的虚拟连接，但是连接对象还是占用系统资源，因此在使用完后要关闭连接。关闭连接使用连接对象的 close()方法即可。

3. UDP 服务器端编程步骤

学习完 UDP 方式的客户端网络编程的基本步骤后，接着学习 UDP 方式服务器端的基本步骤。

（1）建立一个连接，该连接监听某个端口，实现的代码为：

```
DatagramSocket ds=new DatagramSocket(8880);
```

由于服务器端的端口需要固定，所以一般在建立服务器端连接时，都指定端口号。例如，指定 8880 为服务器端使用的端口号，客户端在连接服务器端时连接该端口号即可。

（2）接收客户端发送过来的数据。

其接收的方法和客户端接收的方法相似，其中 receive( )方法和 accept( )方法一样，也是一个阻塞方法，其作用是接收数据。

（3）对从客户端接收到的数据进行逻辑处理，然后将处理结果发送回客户端。代码如下：

```
InetAddressclientIP=receiveDp.getAddress();  //获得客户端的 IP
IntclientPort=receiveDp.getPort();  //获得客户端的端口号
```

（4）关闭服务器端连接。

服务器端实现完成以后，要关闭连接，实现的方式是调用连接对象的 close()方法。

解题思路

请参考必备知识中的 UDP 客户端编程步骤和 UDP 服务器端编程步骤。

任务透析

1. 客户端源代码：UDPClientDemo3.java

```java
package task3;
import java.net.*;
import java.util.*;
public class UDPClientDemo3 {
    public static void main(String[] args) {
        DatagramSocket ds=null;            //声明连接对象
        DatagramPacket sendDp=null;        //声明发送数据包对象
        DatagramPacket receiveDp=null;     //声明接收数据包对象
        try {
            //建立连接
            ds=new DatagramSocket();
            //初始化发送数据
            Date d=new Date(); //获取系统当前时间
            String content=d.toString(); //将系统时间转换为字符串
            byte[] data=content.getBytes();
            // 初始化发送包对象
```

```java
            InetAddress address=InetAddress.getByName("localhost");
            sendDp=new DatagramPacket(data, data.length, address, 8880);
            //发送数据
            ds.send(sendDp);
            //初始化接收数据
            byte[] b=new byte[1024];
            receiveDp=new DatagramPacket(b, b.length);
            //接收数据
            ds.receive(receiveDp);
            //读取反馈内容,并输出
            byte[] response=receiveDp.getData();
            int len=receiveDp.getLength();
            String s=new String(response, 0, len);
            System.out.println("服务器端反馈为: "+s);
        } catch (Exception e) {
            e.printStackTrace();
        } finally {
            try {
                ds.close(); //关闭连接
            } catch (Exception e) {
                e.printStackTrace();
            }
        }
    }
}
```

在该任务中,首先建立 UDP 方式的网络连接,然后获得当前系统时间,这里获得的系统时间是客户端程序运行的本地计算机的时间,然后将时间字符串以及服务器端的 IP 和端口,构造成发送数据包对象,调用连接对象 ds 的 send( )方法发送出去。在数据发送出去以后,构造接收数据的数据包对象,调用连接对象 ds 的 receive( )方法接收服务器端的反馈,并输出在控制台。最后在 finally 语句块中关闭客户端网络连接。

2. 服务器端源代码: UDPServerDemo3.java

```java
package task3;
import java.net.*;
public class UDPServerDemo3{
    public static void main(String[] args){
        DatagramSocket ds=null;        // 连接对象
        DatagramPacket sendDp;         // 发送数据包对象
        DatagramPacket receiveDp;      // 接收数据包对象
        String response="Hello Java";
        try {
            //此客户端在监听端口 8880
            ds=new DatagramSocket(8880);
            System.out.println("服务器端已启动,等待客户端连接...");
            //初始化接收数据
            byte[] b=new byte[1024];
            receiveDp=new DatagramPacket(b, b.length);
            //接收数据
```

```
            ds.receive(receiveDp);
            // 读取反馈内容，并输出
            InetAddress clientIP=receiveDp.getAddress();
            int clientPort=receiveDp.getPort();
            byte[] data=receiveDp.getData();
            int len=receiveDp.getLength();
            System.out.println("客户端 IP: "+clientIP.getHostAddress());
            System.out.println("客户端端口: "+clientPort);
            System.out.println("客户端发送内容: "+new String(data, 0, len));
            // 发送反馈
            byte[] bData=response.getBytes();
            sendDp=new DatagramPacket(bData, bData.length, clientIP,
            clientPort);
            // 发送数据
            ds.send(sendDp);
        } catch (Exception e) {
            e.printStackTrace();
        } finally {
            try {
                // 关闭连接
                ds.close();
            } catch (Exception e) {
                e.printStackTrace();
            }
        }
    }
}
```

在该服务器端实现中，首先监听 8880 端口号，和 TCP 方式的网络编程类似，服务器端的 receive()方法是阻塞方法，如果客户端不发送数据，则程序会在该方法处阻塞。当客户端发送数据到达服务器端时，则接收客户端发送过来的数据。然后，将客户端发送的数据内容读取出来，并在服务器端程序中打印客户端的相关信息，将反馈数据字符串 "Hello Java" 发送给客户端。最后关闭服务器端连接，释放占用的系统资源。

先用 MyEclipse 运行服务器端程序，然后再打开 CMD 命令行方式运行客户端程序，运行结果如图 11.9 和图 11.10 所示。

图 11.9　服务器端程序的运行结果　　　　图 11.10　客户端程序的运行结果

课堂提问

★ UDP 方式的编程主要由哪两个类实现的?

★ TCP 和 UDP 两种网络编程方式最主要的区别是什么?

现场演练

将任务修改为在两台计算机之间收发信息,编译并运行程序代码,观察程序的输出结果。

任务四　多线程与网络编程的综合应用

任务描述

完成一个猜数字的控制台小游戏。游戏规则是:当客户端第一次连接到服务器端时,服务器端将生产一个(0,100)之间的随机数,然后客户端输入数字来猜该数字,每次客户端输入数字以后,发送给服务器端,服务器端判断该客户端发送的数字和随机数字的关系,并反馈比较结果,客户端共有 7 次猜的机会。猜中时提示猜中,当输入"q"时结束程序。

必备知识

1. 客户端和服务器端程序功能划分

在进行网络程序开发时,首先需要进行功能分解,确定哪些功能是在客户端程序中实现、哪些功能是在服务器端程序中实现。划分原则一般是:客户端程序实现接收用户输入等界面功能,并实现一些基本的校验以减轻服务器端的压力。将程序核心的逻辑以及数据存储等功能放在服务器端进行实现。

2. 多线程与网络编程的应用

Java 在网络编程方面的功能是非常强大的,这也是 Java 广泛流行的原因之一。Java 提供了分布对象环境,Socket 通信机制除了用于 Internet 的 URL 对象类群,还提供了能处理 HTTP 请求/应答,用于扩充 Web 服务器功能的 Servlet 等技术。Java 多线程技术和 Socket 编程技术相结合能实现网络聊天室等软件。

解题思路

客户端程序:

(1)接收用户控制台输入。

(2)判断输入内容是否合法。

(3)按照协议格式发送数据。

(4)根据服务器端的反馈给出相应提示。

服务器端程序:

(1)接收客户端发送数据。

（2）按照协议格式解析数据。

（3）判断发送过来的数字和随机数字的关系。

（4）根据判断结果生产协议数据。

（5）将生产的数据反馈给客户端。

任务透析

1．客户端源代码：TCPClientDemo4.java

```java
package task4;
import java.net.*;
import java.io.*;
public class TCPClientDemo4{
    public static void main(String[] args){
        Socket socket=null;
        OutputStream os=null;
        InputStream is=null;
        BufferedReader buf=null;
        byte[] data=new byte[2];
        try {
            //指定连接主机及端口
            socket=new Socket("localhost", 10000);
            //发送数据
            os=socket.getOutputStream();
            //读取反馈数据
            is=socket.getInputStream();
            //键盘输入流
            buf=new BufferedReader(new InputStreamReader(System.in));
            //循环条件为永真式，真到按字母"q"或猜测次数大于等于 7 时结束程序
            while (true){
                System.out.println("请输入数字: ");
                // 接收输入
                String s=buf.readLine();
                // 结束条件
                if (s.equals("q")){
                    os.write("q".getBytes());
                    break;
                }
                // 校验输入是否合法
                boolean b=true;
                try {
                    Integer.parseInt(s);
                } catch (Exception e){
                    b=false;
                }
                if (b) { // 输入合法
                    // 发送数据
```

```
            os.write(s.getBytes());
            // 接收反馈
            is.read(data);
            // 判断
            switch (data[0]){
            case 0:
                System.out.println("猜对了! 恭喜你! ");
                break;
            case 1:
                System.out.println("猜大了! ");
                break;
            case 2:
                System.out.println("猜小了! ");
                break;
            default:
                System.out.println("其他错误! ");
            }
            //提示猜的次数
            System.out.println("你已经猜了"+data[1]+"次! ");
            // 判断次数是否达到 5 次
            if (data[1]>=7) {
                System.out.println("机会用完, 你失败了! ");
                //给服务器端线程关闭的机会
                os.write("q".getBytes());
                //结束客户端程序
                break;
            }
        } else { //输入错误
            System.out.println("输入错误! ");
        }
    }
} catch (Exception e){
    e.printStackTrace();
} finally{
    try{
        // 关闭连接
        buf.close();
        is.close();
        os.close();
        socket.close();
    } catch(Exception e){
        e.printStackTrace();
    }
}
    }
}
```

在客户端程序中，首先建立一个到本机端口为 10000 的连接，然后进行各个流的初始化工作，将逻辑控制的代码放入在一个 while 循环中，循环条件为 true（永真式），这样可以在客户端进行多次循环，对循环内容再进行判断，当满足某个条件时退出循环或结束程序。客户端程序在循环内部，首先判断用户输入的是否为"q"，如果是则结束程序，如果输入的不是，则校验输入的是否是数字，如果不是数字则直接输出"输入错误！"并继续接收用户输入，如果是数字则发送给服务器端，并根据服务器端的反馈显示相应的提示信息。最后关闭流和连接，结束客户端程序。

2．服务器端程序实现的代码如下：

```java
//服务器控制程序: TCPServerDemo4.java
package task4;
import java.net.ServerSocket;
import java.net.Socket;
public class TCPServerDemo4{
    public static void main(String[] args){
        try{
            //此服务器在监听端口 10000
            ServerSocket s1=new ServerSocket(10000);
            System.out.println("服务器已启动: ");
            //逻辑处理
            while (true){
                //获得连接
                Socket s2=s1.accept();
                //启动线程处理
                new LogicThread(s2);
            }
        } catch (Exception e) {
            e.printStackTrace();
        }
    }
}
```

3．逻辑处理线程代码: LogicThread.java

```java
package task4;
import java.net.*;
import java.io.*;
import java.util.*;
public class LogicThread extends Thread{
    Socket ss;
    static Random r=new Random();
    public LogicThread(Socket s){
        this.ss=s;
        start(); //启动线程
    }
    public void run(){
```

```
        // 生成一个[0，100]的随机数
        int randomNumber=Math.abs(r.nextInt()%101);
        // 用户猜的次数
        int count=0;
        InputStream is=null;
        OutputStream os=null;
        byte[] data=new byte[2];
        try {
            //获得输入流
            is=ss.getInputStream();
            //获得输出流
            os=ss.getOutputStream();
            while (true) {
                //读取客户端发送的数据
                byte[] b=new byte[1024];
                int n=is.read(b);
                String send=new String(b, 0, n);
                //按字母"q"时退出程序
                if (send.equals("q")) {
                    break;
                }
                try {
                    int num=Integer.parseInt(send);
                    count++; //猜的次数增加1
                    data[1]=(byte) count;
                    //判断
                    if (num>randomNumber){
                        data[0]=1;
                    } else if (num<randomNumber) {
                        data[0]=2;
                    } else {
                        data[0]=0;
                        //如果猜对
                        count=0;
                        randomNumber=Math.abs(r.nextInt()%101);
                    }
                    // 反馈给客户端
                    os.write(data);
                } catch (Exception e){ //数据格式错误，
                    data[0]=3;
                    data[1]=(byte) count;
                    os.write(data); //发送错误标识
                    break;
                }
                os.flush(); //强制发送
            }
        } catch (Exception e) {
```

```
                e.printStackTrace();
        } finally {
            try {
                is.close();
                os.close();
                ss.close();
            } catch (Exception e) {
            }
        }
    }
}
```

　　在该任务中，服务器端控制部分和前面的任例中一样，也是等待客户端连接，如果有客户端连接到达时，则启动新的线程去处理客户端连接。在逻辑线程 LogicThread 类中实现程序的核心处理逻辑，当线程执行时产生一个 0 ~ 100 之间的随机数时，根据客户端发送过来的用户输入进行判断，并对输入和产生的随机数关系进行提示。例如，猜大了、猜小了或相等，并在计数器 count 中保存客户端已经猜过的次数，当客户端猜中后将 count 清零，使得客户端程序可以继续进行下一轮猜字游戏。

　　玩这个猜字游戏是有技巧性的，图 11.11 和图 11.12 的区别是，前者是用折半查找的思路去猜，1 ~ 100 之间的整数，最多 6 次就能猜对。如果没有掌握规律仅按提示随意输入，猜对的机率会小很多。

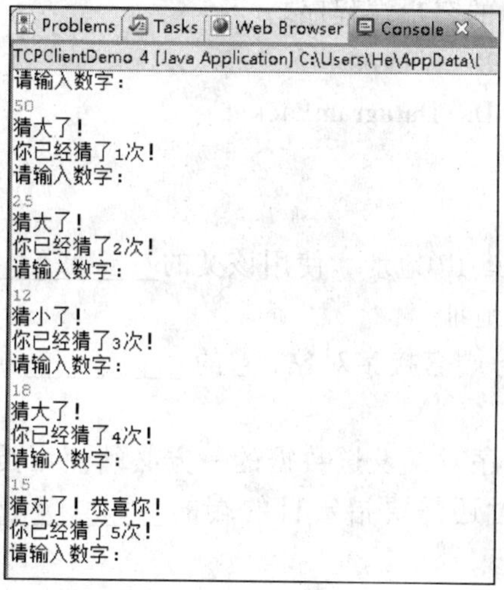

图 11.11　当用户猜对时可以继续玩猜字游戏

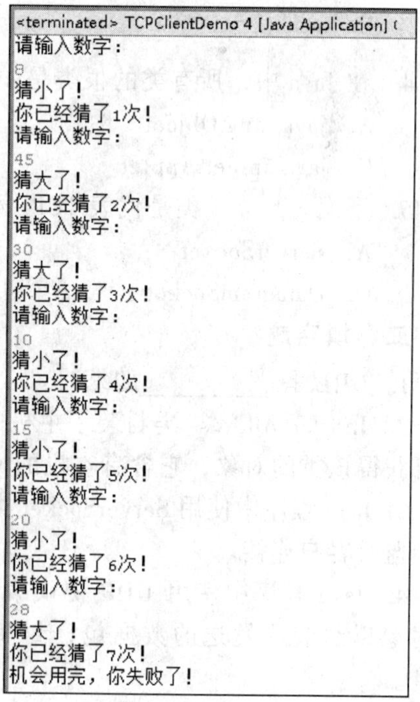

图 11.12　当用户猜错时程序结束运行

课堂提问

★ 客户端和服务器端功能划分的一般原则是什么？

★ 你还能说出多线程在网络编程中的其他应用吗？请举例说明。

现场演练

将服务器端产生的随机数范围改为（0，50）之间，客户端共有 5 次猜的机会。

思 考 练 习

一、选择题

1. 如下（   ）是 TCP 程序开发中的服务器类。

A. ServerSocket

B. Socket

C. DatagramSocket

D. DatagramPacket

2. 在 Java 语言网络编程中，URL 类是在 java.net 包中，该类中提供了许多方法用来访问 URL 对象的各种资源，下列选项中可用来获取 URL 中的端口号的是(   )。

A. getFile()

B. getProtocol()

C. getHost()

D. getPort()

3. 下列 InputStream 类中（   ）方法可以用于关闭流。

A. skip()

B. close()

C. mark()

D. reset()

4. 在 Java 中，所有类的根类是（   ）。

A. java.lang.Object

B. java.lang.Class

C. java.applet.Applet

D. java.awt.Frame

5. 下面（   ）类是代表 TCP 编程方式中的客户端程序。

A. ServerSocket

B. Socket

C. DatagramSocket

D. DatagramPacket

二、填空题

1. URL 是_____的缩写。

2. InternetAddress 类封装了主机的域名及其 IP 地址，使用该类的_____方法可获得该类的对象，它含有本机的域名及 IP 地址。

3. Java 程序中使用 ServerSocket 类建立服务端套接字对象，它的_____方法用于监听客户连接。

4. Java 程序中使用 UDP 协议编写通令程序时，发送数据的一方必须使用类创建对象以封装要发送的数据包，封装数据包时还需要指定目的端的_____和地址。

上机实训(十一)

一、实训题目

Java 网络编程。

二、实训目的

1. 理解两种传输方式 TCP 可靠传输和 UDP 不可靠方式的区别。

2. 能使用 ServerSocket 和 Socket 类来完成 TCP 程序设计。

3. 能使用 DatagramPacket 和 DatagramSocket 类来完成 UDP 程序设计。

三、实训内容

实训 1 使用 socket 编写一个服务器程序，服务器端程序在端口 8888 监听，如果它接收到客户端发来的 "hello" 请求时会回应一个 "hello"，对客户端的其他请求不响应。

实训 2 使用套接字进行网络数据传输。

服务器端 IP 地址为：教师机 IP，可开放的端口为 45678。

代码实现以下功能。

服务器端：

1. 创建套接字服务，端口为：45678。

2. 接收客户端请求。

3. 将客户端发送来的请求信息返还给客户端。

客户端：

1. 创建套接字，向服务器发送内容为 "你好 Java!" 的请求信息。

2. 在屏幕上显示服务器返还的信息。

（提示：涉及的部分类及方法如下。）

```
ServerSocket(int porter);ServerSocket.accept();Socket(String host,
int porter);
Socket.getOutputStream();Socket.getInputStream();OutputStream.write
(String str);
InputStream.read();close();System.out.println(String str);)
```

实训 3

采用套接字的连接方式编写一个程序，允许客户向服务器提出一个文件名字，如果这个文件存在，就把文件内容发送给客户，否则回答文件不存在。

实训 4

本项目要求采用图形界面的形式，建立聊天的服务器和客户端程序。

具体要求如下：

1. 设计图形用户界面：客户端和服务器端的图形用户界面必须包括聊天信息显

示文本框、聊天信息输入文本框、发送信息按钮；聊天窗口大小为 500×500 像素。

2. 套接字服务：服务器端建立 serversocket 服务，创建 socket 对象，并通过 accept 方法等待接收客户端请求，客户端建立 socket 套接字，连接到服务器。服务器端的服务端口为 5555。

3. 输入/输出流：服务器端和客户端分辨建立输入输出流（DataOutputStream、DataInputStream）对象，通过输出流对象，客户端向服务器发送（发送的动作只需要执行 writeUTF 方法即可）一条 "hello world!" 的信息；服务器端通过输入流对象获得客户端传来的信息，并将这信息显示聊天信息输入文本框中。

四、实训报告要求

1. 源程序代码。

2. 测试数据和结果。

3. 实验心得与体会。

用 Java 集合来实现学生信息的管理 «

项目描述

采用 Java 集合类实现教学信息的简单管理，包括学生信息、课程信息以及授课信息的添加、删除、修改、查询、操作。

项目分解

本项目可分解为以下几个任务：

● 集合类的选择；
● 采用 List 来管理有序数据；
● 采用 Set 集合管理无序数据；
● 采用 Map 管理映射关系数据。

任务一　集合类的选择

任务描述

学生信息管理系统中需要管理各种不同特征的数据，有的数据是有序的，有的数据是无序的，有的类是无序但具有映射关系的，如何从众多的集合类中选取符合要求的类，是本任务所要解决的问题。

必备知识

1. Java 集合概述

Java 集合是一种非常重要的工具类，主要负责保存、盛装多个对象，因此集合类也称容器类。为了实现不同的常用数据结构，Java 集合类可以大致分为：Set、List、Map 三大体系。其中 Set 代表无序、不可重复的集合；List 代表有序、可重复的集合；Map 代表具有映射关系的集合。JDK1.5 又加入了 Queue 来代表队列的集合实现。

2. 集合与数组的区别

在编程中，往往要集中存放多个数据，当然，可以用数组来实现，那么，集合与数组到底有何区别呢？

从元素的个数来看，数组的长度一旦初始化后就无法变化，如果需要保存个数变化的数据，数组就无能为力。从元素的类型来看，数组元素可以是基本数据类型，也可以是对象，而集合中只能是保存对象；集合可以非常方便地保存具有映射关系的数据，如成绩表中，语文 85，数学 80。从程序效率上比较，数组无疑是高过其他容器的，因为有些容器类的实现就是基于数组的，比如 ArrayList，不论是效率还是类型检查，无疑是先考虑数组的，但是数组最大的弱点就是功能不够丰富，所以才会有集合容器的出现。

3. Java 集合体系结构

Java 集合类都在 java.util 包下。Java 集合类主要由两个接口派生而出：Collection 和 Map，它们是集合框架的根接口。Collection 接口有两个派生的子接口 Set 和 List，它们分别代表无序集合和有序集合，在 JDK1.5 后 Collection 还增加了一个派生子接口 Queue，本书不作介绍，请读者自行参考 JDK1.5 文档。Map 接口的实现类用于保存具有映射关系的数据，集合中每项数据都是 key-value 对，即每个元素都由一个 key 和 value 两个值组成。

在图 12.1 中还有三个单独的接口，分别是 Collections、Iterator 和 Enumeration，它们本身并不是集合类，而是集合操作中必须用到的相应的工具类。

Collections 工具类中提供了大量的静态方法对集合元素进行操作，例如：排序、查询、修改等，还提供了将集合对象设置为不可变、线程同步控制等方法。举例如下：

static	**sort**(List list)根据元素的自然顺序对指定列表按升序进行排序
static	**synchronizedList**(List list)返回由指定列表支持的同步（线程安全的）列表
static	**synchronizedMap**(Map<K，V> m)返回由指定映射支持的同步（线程安全的）映射

图 12.1　方法摘要

Iterator 和 Enumeration，这两个接口也是 Java 集合框架的成员，但它们不是用于盛装其他对象，而是主要用于遍历（迭代访问）集合中的元素，因此也称为迭代器。Enumeration 接口是 Iterator 的早期版本，在 JDK1.2 开始逐渐由 Iterator 接口替换。

Enumeration 接口中有两个方法如图 12.2 所示。

boolean	**hasMoreElements**()测试此枚举是否包含更多的元素
Object	**nextElement**()如果此枚举对象至少还有一个可提供的元素，则返回此枚举的下一个元素，否则抛出异常

图 12.2　Enumeration 接口中的两个方法

Iterator 接口有以下三个方法如图 12.3 所示。

boolean	**hasNext**()如果仍有元素可以迭代，则返回 true
Object	**next**()返回迭代的下一个元素
void	**remove**()从迭代器指向的集合中移除迭代器返回的最后一个元素（可选操作）

图 12.3　Iterator 接口中的三个方法

可以看到 Enumeration 接口方法冗长，不易记忆，也没有提供 remove()方法，现在的 Java 程序都采用 Iteration 接口作为迭代器。对于具体的迭代方式，将在后面的具体实例中做出详细介绍。图 12.4 所示为 Collections、Iterator 和 Enumeration 接口。

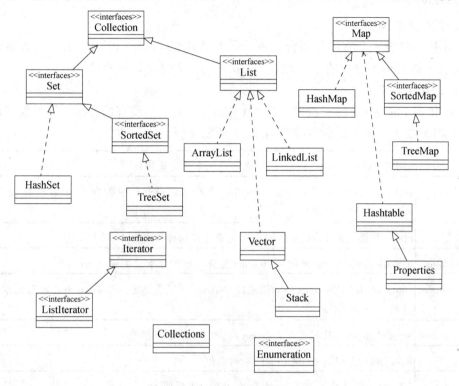

图 12.4　Collections、Iterator 和 Enumeration 接口

解题思路

根据前面的分析，要选择出适合的集合类，必须以所存储的数据对象的特征为依据，若为无序对象，选择 Set 所派生的类；若集合元素为有序对象，选择 List 所派生的类；若元素为 key-value 的形态，选择 Map 所派生的集合类来存储对象。

课堂提问

★　集合与数组的区别？

★　Iterator 接口作用？

★　Java 集合类主要有几种类型，分别有何特点？

任务二　采用 List 派生集合管理有序数据

任务描述

对于大量的学生信息的处理，采用编号索引的方式进行有序管理，是一个非常方便、快捷并有效的方法。本任务将采用有序集合对学生信息实现增加、删除、查询等管理。

必备知识

1. List 接口简介

List 接口代表一个有序的集合，每个元素都有对应的索引顺序，List 可以方便地通过索引来访问指定位置的集合元素，List 中的元素是可以重复的。

2. List 接口重要 API

List 作为 Collection 的子接口，具有 Collection 接口中所有的方法，此处仅列出常用方法如图 12.5 所示，详细请参考 JDK1.5 帮助文档。

boolean	**add**(E o)确保此 Collection 包含指定的元素（可选操作）
boolean	**addAll**(Collection<? extends E> c)将指定 Collection 中的所有元素都添加到此 collection 中（可选操作）
void	**clear**()移除此 Collection 中的所有元素（可选操作）
boolean	**contains**(Object o)如果此 Collection 包含指定的元素，则返回 true。
boolean	**containsAll**(Collection<?> c)如果此 Collection 包含指定 collection 中的所有元素，则返回 true
boolean	**equals**(Object o)比较此 Collection 与指定对象是否相等
int	**hashCode**()返回此 Collection 的哈希码值
boolean	**isEmpty**()如果此 Collection 不包含元素，则返回 true
Iterator<E>	**iterator**()返回在此 Collection 的元素上进行迭代的迭代器
boolean	**remove**(Object o)从此 Collection 中移除指定元素的单个实例，如果存在的话（可选操作）
boolean	**removeAll**(Collection<?> c)移除此 collection 中那些也包含在指定 Collection 中的所有元素（可选操作）
boolean	**retainAll**(Collection<?> c)仅保留此 collection 中那些也包含在指定 collection 的元素（可选操作）
int	**size**()返回此 collection 中的元素数
Object[]	**toArray**()返回包含此 collection 中所有元素的数组

图 12.5　List 接口的方法摘要 1

注释：<E>表示泛型，是 JDK1.5 的新特性，主要用于规定集合元素的类型，具体请查阅 JDK1.5 帮助文档，本书不作叙述。

另外，根据自己是有序集合的特点，List 集合增加了一些根据索引来操作集合元素的方法如图 12.6 所示。

void	**add**(int index，E element)在列表的指定位置插入指定元素（可选操作）
boolean	**addAll**(int index，Collection<? extends E> c)将指定 Collection 中的所有元素都插入到列表中的指定位置
E	**get**(int index)返回列表中指定位置的元素
int	**indexOf**(Object o)返回列表中首次出现指定元素的索引，如果列表不包含此元素，则返回–1
int	**lastIndexOf**(Object o)返回列表中最后出现指定元素的索引，如果列表不包含此元素，则返回–1
E	**remove**(int index)移除列表中指定位置的元素（可选操作）
E	**set**(int index, E element)用指定元素替换列表中指定位置的元素（可选操作）

图 12.6　List 接口的方法摘要 2

3. 常用派生类

ArrayList 和 Vector 是 List 接口的两个典型实现，具有 List 接口的全部功能，它们在用法上几乎完全相同，Vector 比 ArrayList 要出现更早（在 JDK 1.0 时就出现了）。后来，Java 改写了 Vector 中原有的方法，缩短了方法名，简化了编程。例如：将 addElement(Object o)改为了 add(Object o)。另外，由于 Vector 类早于集合框架的出现（JDK 2.0 之后，Java 才提出系统的集合框架），因此 Vector 中具有与 List 接口重复的方法。事实上，Vector 接口中具有很多缺点，因此尽量不采用 Vector 集合类。

解题思路

（1）本任务是为了处理大量有序的学生信息，因此采用 ArrayList 类来存储学生对象。

（2）采用 Iterator 接口中的方法对集合对象进行遍历，列出所有学生信息。

（3）采用 List 接口中各个根据索引来操作集合对象的方法，实现按编号管理功能。

任务透析

1. 定义 Student 类，并访问属性的 get()、set()方法

```java
public class Student {
    private int studentNumber;
    private String studentName;
    private String studentSex;
    private int studentAge;    public int getStudentNumber(){
        return studentNumber;
    }
    public void setStudentNumber(int studentNumber){
        this.studentNumber=studentNumber;
    }
    //此处省略了其他的 get()和 set()方法
}
```

2. 编写业务类 StudentManage，具有添加、删除、查询等功能

```
import java.util.ArrayList;
import java.util.Iterator;

public class StudentManage {

    ArrayList al=new ArrayList();//初始化集合，作为本例盛装对象的容器

    public void listAll(){
        Iterator i=al.iterator();   //使用 Iterator 迭代器进行集合元素的遍历
        int index=0;
        while(i.hasNext()){
            Student s=(Student) i.next();
            System.out.println("*******************************************
                ******");
            System.out.println("元素在 List 中的索引号: "+index++);
            System.out.println("number: "+s.getStudentNumber());
            System.out.println("name: "+s.getStudentName());
            System.out.println("sex: "+s.getStudentSex());
            System.out.println("age: "+s.getStudentAge());
        }
    }
    public Student getByIndex(int i){
        Student student=(Student) al.get(i); //返回集合中索引为 i 的元素
        return student;
    }
    public void delByIndex(int i){
        al.remove(i);   //根据集合元素所在的位置进行有条件的删除
    }
    public void addStudent(Student student){
        al.add(student); //向 List 列尾增加一个元素
    }
    public int getStudentIndex(Student student){
        return al.indexOf(student); //返回某对象在 List 中的索引值, 若集合中
                                    //无此元素, 返回-1
    }
}
```

3. 编写模拟客户端调用

```
public class Test{
    public static void main(String[] args){
        Student s1=new Student();
        s1.setStudentNumber(1);
        s1.setStudentName("Tom");
        s1.setStudentSex("male");
        s1.setStudentAge(18);
        Student s2=new Student();
        s2.setStudentNumber(2);
        s2.setStudentName("Lily");
```

```
        s2.setStudentSex("female");
        s2.setStudentAge(19);

        StudentManage manage=new StudentManage();

        System.out.println("向 List 中添加两个元素");
        manage.addStudent(s1);
        manage.addStudent(s2);
        System.out.println("查询出所有的学生信息");
        manage.listAll();
        System.out.println("删除 index 为 1 的元素");
        manage.delByIndex(1);
        manage.listAll();
        System.out.println("查询出 index 为 0 的学生姓名");
        Student student=manage.getByIndex(0);
        System.out.println(student.getStudentName());
    }
}
```

程序运行结果如下:

```
向 List 中添加两个元素
查询出所有的学生信息
*******************************************
元素在 List 中的索引号: 0
number: 1
name: Tom
sex: male
age: 18
*******************************************
元素在 List 中的索引号: 1
number: 2
name: Lily
sex: female
age: 19
删除 index 为 1 的元素
*******************************************
元素在 List 中的索引号: 0
number: 1
name: Tom
sex: male
age: 18
查询出 index 为 0 的学生姓名
Tom
```

课堂提问

★ List 集合的特点是什么? 何时选用该集合?

★ 简述 Collection、List、ArrayList 三者之间的关系。

★ 简述 List 集合元素的遍历方法。

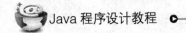

★ 采用 List 来管理学生对象，比起采用数组进行管理有何优势？

现场演练

在商品信息管理系统中，采用 ArrayList 来实现商品信息的管理，实现商品的增加、删除、查询。

任务三　采用 Set 派生集合管理无序数据

任务描述

对于具有无序特征，但不能重复的信息的处理，可以采用 Set 派生接口进行管理，集合中的元素只是简单存入，并无特定排序方式，集合中元素不能重复。本节将采用 Set 集合对课程信息实现增加、删除、修改、查询管理。

必备知识

1. Set 接口简介

Set 集合，通常翻译为集类型。Set 是关系最简单的一种集合，存放于 Set 中的各个对象之间没有明显的顺序。Set 就像一个罐子，把对象加入集合中，类似于向罐子里放东西。因为对 Set 中存在的对象的访问和操作是通过对象的引用进行的，因此在 Set 中不能存放重复对象。Set 接口继承了 Collection 接口，拥有 Collection 接口提供的所有常用方法，它没有提供额外的方法，事实上，Set 就是一个 Collection，只是行为不同，即 Set 元素不能重复。

Set 判断两个对象是否相同是根据对象的 equals()方法和 hashCode()方法，若两个对象的 equals()方法返回 true 并且两个对象的 hashCode()方法的返回值也相等，Set 就认为是重复的元素，不能同时存入；反之，如果 equals()方法返回 false 或者两个对象 hashCode 值不等，即可以接收这两个对象。请看下面的例子：

```java
import java.util.HashSet;
import java.util.Set;
public class Test {
    public static void main(String[] args){
        Set goods=new HashSet();
        goods.add(new String("pen"));
        goods.add(new String("pen"));
        System.out.println(goods.size());
    }
}
```

很明显，这里添加了两个不同的字符串对象，但是，若调用 String 类的 equals()方法来判断两个匿名字符串对象是否相等 System.out.println(new String("pen").equals(new String("pen")));，得出的结论是 true。另外，参考 String 类的 hashCode()方法，String 对象的哈希码按下列公式计算 $s[0]*31^{n-1} + s[1]*31^{n-2} + \cdots + s[n-1]$，使用 int

算法，s[i] 是字符串的第 i 个字符，n 是字符串的长度，＾ 表示求幂（空字符串的哈希码为 0）。因此，对于两个匿名的字符串对象，它们的 hashCode 也一致。

鉴于 Set 集合中元素不可重复的要求，第二个字符串元素添加失败，程序输出结果是 1。

值得注意的是：如果需要某个类的对象保存在 Set 集合中，需要重写这个类的 equals()方法以及 hashCode()方法，并且保证，当两个对象通过 equals()比较返回 true 时，它们的 hashCode()方法的返回值也相等。

2. Set 接口重要 API

方法摘要如图 12.7 所示。

boolean	add(E o)如果 set 中尚未存在指定的元素，则添加此元素（可选操作）。
void	clear()移除 set 中的所有元素（可选操作）。
boolean	contains(Object o)如果 set 包含指定的元素，则返回 true。
boolean	isEmpty()如果 set 不包含元素，则返回 true。
Iterator\<E>	iterator()返回在此 set 中的元素上进行迭代的迭代器。
boolean	remove(Object o)如果 set 中存在指定的元素，则将其移除（可选操作）。
int	size()返回 set 中的元素数（其容量）。
Object[]	toArray()返回一个包含 set 中所有元素的数组。

图 12.7　Set 接口的方法摘要

3. 常用派生类 HashSet 类

HashSet 是 Set 集合的典型实现，它按 hash 算法来存储集合中的元素，当从 HashSet 集合中访问元素时，先计算出元素的 hashCode 值（即调用对象的 hashCode()方法取得返回值），到 hashCode 对应的位置去取出该元素，因此，HashSet 中对于元素的存取速度很快。换句话说，表面上 HashSet 集合中元素没有索引，但实际上，每个元素都由它的 hashCode 值来进行索引，在没有重写 hashCode()方法的情况下，由 Object 类定义的 hashCode()方法会针对不同的对象返回不同的整数，这一般是通过将该对象的内部地址转换成一个整数来实现的。

重写 hashCode()方法的基本原则：

● 在重写对象的 equals()方法的同时，也需要重写 hashCode()方法。

● 当两个对象通过 equals()方法比较返回值为 true 时，这两个对象的 hashCode 应该相等。

● 对象中用于 equals 比较标准的属性，都应该用来计算 hashCode 的值，为对象中每个有意义的字段计算出一个散列码，可将这些字段合并并返回为所需的 hashCode。简单地重写可以返回一个 int 值，但涉及复杂的业务逻辑，就要考虑要在什么情况下让两个对象相等。

解题思路

（1）对于学生信息管理系统中，可以将课程 Course 信息存入无序集合 HashSet 中。

（2）需要重写 Course 类的 equals()方法以及 hashCode()方法，当课程的名称和课程代号均相同时，就认为是同一门课程，不能重复存入 Set 中。

（3）采用 Set 集合提供的各个方法对课程信息进行增、删、改、查。

任务透析

1. 编写课程类及相关方法

编写课程类 Course，具有课程名称以及课程编号两个属性，以及其 get()、set()方法，重写 hashCode()方法及 equals()方法。

```java
public class Course {
    private int courseCode;
    private String courseName;
    public int getCourseCode(){
        return courseCode;
    }
    public void setCourseNumber(int courseCode){
        this.courseCode=courseCode;
    }
    public String getCourseName(){
        return courseName;
    }
    public void setCourseName(String courseName){
        this.courseName=courseName;
    }
    public boolean equals(Object obj){    //按照业务逻辑重写 equals 方法
        Course c=(Course)obj;
        if(this.getCourseName().equals(c.getCourseName())&&this
        .getCourseCode()==c.getCourseCode())
            return true;
        else
            return false;
    }
    public int hashCode(){   //按照业务逻辑重写 hashCode 方法
        return this.getCourseCode()+this.getCourseName().hashCode();
    }
}
```

2. 编写业务逻辑类 CourseManage

```java
import java.util.HashSet;
import java.util.Iterator;
import java.util.Set;

public class CourseManage {
    Set h=new HashSet();
    public void addCourse(Course course){
```

```
            h.add(course);
        }
    public void removeCourse(Course course){
            h.remove(course);
    }
    public void listAllCourse(){
            Iterator i=h.iterator();
            while(i.hasNext()){
                Course c=(Course) i.next();
                System.out.println("********************************
                    *************");
                System.out.println("course code "+c.getCourseCode());
                System.out.println("course name "+c.getCourseName());
            }
        }
    }
```

3. 编写模拟客户端调用

本次调用，实例化了三个课程对象，分别是 c1、c2、c3，但由于 c2 和 c3 被认为
是相同的对象（根据已有的 hashCode 及 equals 方法判断），因此只有 c1 和 c2 向集合
中添加成功。

```
import java.util.HashSet;
import java.util.Set;
public class Test{
    public static void main(String[] args){
        Course c1=new Course();
        c1.setCourseName("大学英语");
        c1.setCourseCode(1);

        Course c2=new Course();
        c2.setCourseName("大学语文");
        c2.setCourseCode(2);

        Course c3=new Course();
        c3.setCourseName("大学语文");
        c3.setCourseCode(2);

        CourseManage c=new CourseManage();
        System.out.println("进行元素添加操作");
        c.addCourse(c1);
        c.addCourse(c2);
        c.addCourse(c3);

        System.out.println("增加元素后课程信息列表: ");
        c.listAllCourse();

        System.out.println("删除掉课程"+c1.getCourseName());
        c.removeCourse(c1);

        System.out.println("删除后课程信息列表");
```

```
        c.listAllCourse();
    }
}
```

程序运行结果如下：

```
进行元素添加操作
增加元素后课程信息列表：
************************************************
course code 2
course name 大学语文
************************************************
course code 1
course name 大学英语
删除掉课程大学英语
删除后课程信息列表
************************************************
course code 2
course name 大学语文
```

课堂提问

★ HashSet 集合在添加元素时，判断是否已有相同的元素存在的依据是什么？

★ 重写 hashCode 方法的原则是什么？

★ 遍历 HashSet 集合中元素的方法是什么？

★ Set 集合还有哪些实现类，各自有什么特点？

现场演练

在商品信息管理系统中，现有多个超市信息需要进行管理，要求超市对象在集合中是唯一的，实现超市信息的增加、删除、查询。

任务四 采用 Map 派生集合管理映射关系的数据

任务描述

无序但有重复的信息可以采用 key（键）——Value（值）的数据结构来保存。在 Map 集合中，key 作为查找信息的唯一索引，是不能重复的，但 value 值是可以重复的。Map 通过一种散列技术，决定了集合元素在内存中的存储位置，这种存储方式，不需要连续的内存空间，不仅能够有效地利用内存空间，对于遍历和查询数据的效率也具有相当的优势。本节将采用 Map 集合对学生的基本信息进行增加、删除、修改、查询管理。

必备知识

1. Map 接口简介

Map 用于保存具有映射关系的数据，Map 集合里每个元素都存在着两组值，一组

用于保存 Map 对象的 Key（键），另外一组用于保存 Map 的 Value（值），Key 和 vaule
都是引用类型的数据。Map 中的 Key 是不能重复的，Map 中以 Key 值作为对象之间的
判断依据，同一个 Map 中的 Key 通过 equals()方法判断，返回 false。如图 12.8 所示。

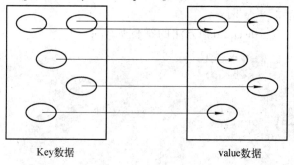

Key数据　　　　　　　　　value数据

图 12.8　Map 接口

2. Map 接口重要 API

方法摘要如图 12.9 所示。

void	**clear**()从此映射中移除所有映射关系（可选操作）
boolean	**containsKey**(Object key)如果此映射包含指定键的映射关系，则返回 true
boolean	**containsValue**(Object value)如果此映射为指定值映射一个或多个键，则返回 true
Set<Map.Entry<K,V>>	**entrySet**()返回此映射中包含的映射关系的 Set 视图
boolean	**equals**(Object o)比较指定的对象与此映射是否相等
V	**get**(Object key)返回此映射中映射到指定键的值
int	**hashCode**()返回此映射的哈希码值
boolean	**isEmpty**()如果此映射未包含键–值映射关系，则返回 true
Set<K>	**keySet**()返回此映射中包含的键的 Set 视图
V	**put**(K key，V value)将指定的值与此映射中的指定键相关联（可选操作）
void	**putAll**(Map<? extends K，? extends V> t)从指定映射中将所有映射关系复制到此映射中（可选操作）
V	**remove**(Object key)如果存在此键的映射关系，则将其从映射中移除（可选操作）
int	**size**()返回此映射中的键–值映射关系数
Collection<V>	**values**()返回此映射中包含的值的 collection 视图

图 12.9　Map 接口的方法摘要

3. 常用派生类 HashMap

HashMap 是 Map 接口的典型实现类，以 Key–Value 的形式来存储数据，不能保证

元素的顺序，判断两个 Key 相等满足两个条件：一是两个 key 通过 equals()方法比较返回 true；二是两个 key 的 hashcode 值也相等。因此为了成功地在 HashMap 中存储获取对象，用作 key 的对象必须重写 Object 的 hashCode()方法和 equals()方法，尤其在用自定义对象作为 Map 的 Key 时。

重写 hashCode()方法和 equals()方法的举例如下：

```java
import java.util.Collection;
import java.util.HashMap;
class A {
    int count;
    public A(int count){
        this.count=count;
    }
    public boolean equals(Object obj){
        if(obj==this)
        {
            return true;
        }
        if(obj!=null&&obj.getClass()==A.class){
            A a=(A) obj;
            if(this.count==a.count)
                return true;
        }
        return false;
    }
    public int hashCode(){
        return this.count;
    }
}
public class Test{
    public static void main(String [] args){
        HashMap map=new HashMap();
        map.put(new A(1), "张三");
        map.put(new A(2), "张三");
        map.put(new A(2), "王五");

        Collection coll=map.values();
        System.out.println("集合中元素个数为"+coll.size());
    }
}
```

程序运行结果：

集合中元素个数为 2

分析：根据对 A 类重写的 hashCode()方法和 equals()方法，第二次和第三次添加到集合中的元素 key 值重复，在 Map 中 key 作为查找信息的唯一索引，是不能重复，因此第三次添加的元素将覆盖第二次添加的元素。而第一次和第二次添加的元素 key 值不重复，value 值相等，这不影响数据的存储，因为 HashMap 中元素的 value 值是可以重复的。

解题思路

（1）班级中每个学生都有学号、姓名、性别、家庭住址、联系方式、年龄等信息，在这些信息中，学号作为唯一的标识，可以作为学生基本的键，而其他的若干项信息，统一封装到 Student 对象中保存。

（2）采取 HashMap 来保存学生信息。

（3）利用 HashMap 所提供的方法，可以根据学号（key）来增加、删除、查询学生基本信息。

任务透析

1. 编写学生信息类，封装学生的全部信息，并给出构造函数和信息输出的方法

```java
import java.util.Collection;
import java.util.HashMap;
import java.util.Iterator;
class Student {
    String name;
    int age;
    String address;
    String sex;
    public Student(String name, int age, String address, String sex){
        super();
        this.name=name;
        this.age=age;
        this.address=address;
        this.sex=sex;
    }
    public void getInfo(){
        System.out.println("学生姓名:"+name);
        System.out.println("学生年龄:"+age);
        System.out.println("家庭地址:"+address);
        System.out.println("性别:"+sex);
        System.out.println("----------------------");
    }
}
```

2. 编写模拟客户端调用，通过 HashMap 的 put() 方法，向集合中存入数据，注意此时，作为 key 的学号不能重复

```java
HashMap map=new HashMap();
map.put("01", new Student("张三",18,"北京","男"));
map.put("02", new Student("李四",18,"成都","男"));
```

3. 删除集合中学生的信息，采用 remove() 方法，通过集合中对象的 key 信息来进行删除

```java
map.remove("02");
```

4. 迭代输出所有信息，借助于迭代器类 Iterator，可以遍历所有的集合元素

```java
Iterator it=co.iterator();
while(it.hasNext()){
```

```
        Student s=(Student) it.next();
        s.getInfo();
    }
```

5. 从集合中，根据 key 值，通过 Map 的 get()方法可以查询到给定学号所对应的学生信息

```
Student s=(Student) map.get("04");
```

完整代码如下：

```
public class Test{
    public static void main(String [] args){
        HashMap map=new HashMap();
        map.put("01", new Student("张三",18,"北京","男"));
        map.put("02", new Student("李四",18,"成都","男"));
        map.put("03", new Student("小红",18,"广州","女"));
        map.put("04", new Student("小兰",18,"上海","女"));
        Collection coll=map.values();
        System.out.println("学生总人数为"+coll.size());
        System.out.println("删除学号为 02 的学生");
        map.remove("02");
        Collection co=map.values();
        System.out.println("删除 以后************************");
        System.out.println("学生总人数为"+co.size());
        System.out.println("********************************");
        System.out.println("输出班级中所有学生信息:");
        Iterator it=co.iterator();
        while(it.hasNext()){
            Student s=(Student) it.next();
            s.getInfo();
        }
        System.out.println("********************************");
        System.out.println("查询班级中学号为 04 的学生信息:");
        Student s=(Student) map.get("04");
        if(s!=null)
            s.getInfo();
        else
            System.out.println("该学生不存在");
    }
}
```

程序运行结果如下：

```
学生总人数为 4
删除学号为 02 的学生
删除 以后************************
学生总人数为 3
********************************
```

```
输出班级中所有学生信息:
学生姓名:小兰
学生年龄:18
家庭地址:上海
性别:女
------------------------
学生姓名:张三
学生年龄:18
家庭地址:北京
性别:男
------------------------
学生姓名:小红
学生年龄:18
家庭地址:广州
性别:女
------------------------
*****************************
查询班级中学号为 04 的学生信息:
学生姓名:小兰
学生年龄:18
家庭地址:上海
性别:女
------------------------
```

课堂提问

★ HashMap 集合在添加元素时,判断是否已有相同的元素存在的依据是什么?

★ 当向 Map 集合中添加重复 key 值的元素,会出现怎样的结果?

★ 简述遍历 HashMap 集合中元素的方法。

★ 查看帮助文档,查阅 Map 集合还有哪些典型派生类,各自有什么特点,在什么时候会用上这些派生类。

现场演练

在班级信息管理系统中,班级的编号是唯一的,每个班级有若干学生,每个学生具有姓名、性别、年龄等属性,使用 HashMap 来管理班级信息,通过班级编号来查询到班级所有的学生信息。(提示:HashMap 中的 Value 对象采用 List 集合,每个 List 集合中具有若干个学生对象)。

思 考 练 习

一、选择题

1. Java 中的集合类包括 ArrayList、LinkedList、HashMap 等类,下列关于集合类描述错误的是 ( )。

A. ArrayList 和 LinkedList 均实现了 List 接口

B. 通常采用 Iterator 接口来遍历集合中的数据

C. ArrayList 采用的是 key-value 的形式存放数据

D. HashMap 实现 Map 接口

2. 在 Java 中，(　　)类可用于创建链表数据结构的对象。

    A. LinkedList   B. Iterator

    C. Collection   D. HashMap

3. 下面关于 ArrayList 的说法不正确的是 (　　)。

    A. ArrayList 可以构造一个初始容量为 5 的空列表

    B. ArrayList 初始化时用户可以自定义 ArrayList 对象的初始容量

    C. ArrayList 对象中只能存放同一数据类型的数据

    D. ArrayList 对象中不能存放 NULL

4. 下面关于集合的说法正确的是 (　　)。

    A. List 接口继承了 Collection 接口以定义一个不允许重复项的有序集合

    B. ArrayList 和 LinkedList 是 List 接口的实现类

    C. 要支持随机访问，选择 LinkedList 类较好，而顺序的访问列表元素使用 ArrayList 类更好

    D. Set 接口继承 Collection 接口，而且它不允许集合中存在重复项

5. 下面关于 ArrayList 的说法正确的是 (　　)。

    A. ArrayList 对象中可以存放不同类型的数据

    B. ArrayList 中的成员可以是基本数据类型

    C. ArrayList 对象中只能存放同一数据类型的数据

    D. ArrayList 对象中不能存放 NULL

二、填空题

1. HashMap 是_____接口的派生类。

2. List 接口的特点是元素_____（有|无）顺序，_____（可以|不可以）重复。

3. Set 接口的特点是元素_____（有|无）顺序，_____（可以|不可以）重复；

4. Map 接口的特点是元素是_____，其中_____可以重复，_____不可以重复。

上机实训（十二）

一、实训题目

Java 集合来实现信息的管理。

二、实训目的

1. 理解集合的定义、优点。

2. 了解三个集合接口类型，不同集合类型的作用。

3．掌握常用集合类的数据存入、读取、修改方法。

三、实训内容

实训 1

定义 Goods 类（见图 12.10），具有名称、价格、数量等属性。将苹果、梨子、香蕉、荔枝等商品存入，并做以下操作。

Goods

name:String
price:double
amount: int

图 12.10　Goods 类

要求：（1）打印出所有商品的信息；（2）删除第一种商品；（3）查询出第三种商品的价格。

实训 2

有如下两个类（见图 12.11）：

Worker

name:String
age:int
add: Address
salay:double

Address

addressName:String
zipCode:String

图 12.11　Worker 类和 Address 类

要求：完善 Worker 和 Address 类，使得 Worker 对象能够正确放入 HashSet 中；即将 Worker 放入 HashSet 中时不会出现重复元素，并编写相应测试代码。

实训 3

已知某学校的教学课程内容安排如图 12.12 所示。

教师姓名	课程名
Tom	Java
Johson	JSP
Lucy	Android
Lily	iOS

图 12.12　教学课程内容安排

以 Map 为数据结构，老师的名字为键，以老师教授的课程名作为值，表示上述课程安排。

（1）打印出所有的教师和对应课程值。

（2）查询出 Tom 所教授的课程。

（3）将 Lucy 所教的课程修改为 MySQL。

四、实训报告要求

1. 源程序代码。

2. 测试数据和结果。

3. 实验心得与体会。

使用 JDBC 实现超市进销存管理 ‹‹‹

项目描述

采用 JDBC 实现超市进销存系统,其功能包括商品的添加、删除、修改、查询等操作。

项目分解

本项目可分解为以下几个任务:

- JDBC 编程环境的搭建;
- 采用 Statement 完成数据库的增删改查;
- 采用 PreparedStatement 完成数据库的增删改查;
- 事务和存储过程。

任务一 JDBC 编程环境的搭建

任务描述

在进行数据库开发之前,需要获得不同数据库环境下的 JDBC 数据库连接。

必备知识

1. JDBC 简介

JDBC 的全称是 Java DataBase Connectivity(Java 数据库连接),它有两个含义:首先,对于使用 Java 编写数据库访问程序的程序员来说,JDBC 是一组 Java 用于执行 SQL 语句的 API,Java 程序通过 JDBC API 操作到关系数据库,实现数据库数据的查询和更新;其次,对于各大数据库厂商来说,JDBC 为数据库访问提供了一个统一的接口标准,不同的数据库厂商都实现这个统一的接口。这样的设计对程序员来说,只需要面向 JDBC 的 API 接口编程,不管是访问 MySQL 数据库,还是访问 Oracle 或其他的数据库,所编写的 Java 程序代码都是一样的,不必为不同厂商的数据库编写不同的程序,只需要根据不同的数据库,加入不同的数据库驱动程序即可。

2. JDBC 驱动程序

JDBC 为数据库的厂商提供了一个统一的接口,是由各数据库厂商根据各自不同的底层数据库和中间件来设计接口的实现类，这些实现类就是 JDBC 驱动程序。常用的数据库以及其 JDBC 驱动程序名如表 13.1 所示。

表 13.1　各类数据库 JDBC 驱动列表

数据库名	JDBC 驱动程序名	连接 URL
IBM DB2	com.ibm.db2.jdbc.app.DB2Driver	jdbc:db2://<HOST>:<PORT>/<DB>
MySQL driver	com.mysql.jdbc.Driver	jdbc:mysql://hostname:3306/dbname
Microsoft SQL Server (Microsoft Driver)	com.microsoft.jdbc.sqlserver.SQL ServerDriver	jdbc:microsoft:sqlserver://<HOST>:<PORT>[;DatabaseName= <DB>]
Oracle OCI 8i	oracle.jdbc.driver.OracleDriver	jdbc:oracle:oci8:@<SID>
Oracle OCI 9i	oracle.jdbc.driver.OracleDriver	jdbc:oracle:oci:@<SID>
DB2	COM.ibm.db2.jdbc.net.DB2Driver	jdbc:db2://aServer.myCompany.com:50002/name
Sybase (jConnect 5.2)	com.sybase.jdbc2.jdbc.SybDriver	jdbc:sybase:Tds:<HOST>:<PORT>/<DB>
Sybase (jConnect 4.2 and earlier)	com.sybase.jdbc.SybDriver	jdbc:sybase:Tds:<HOST>:<PORT>/<DB>
Interbase (InterClient Driver)	interbase.interclient.Driver	jdbc:interbase://<HOST>/<DB>
Cloudscape	com.cloudscape.core.JDBCDriver	jdbc:cloudscape:<DB>

3．DriverManager 类和 Connection 类

DriverManager 管理一组 JDBC 驱动程序的基本服务。所有 Driver 类都必须包含有一个静态部分。它创建该类的实例，然后在加载该实例时 DriverManager 类进行注册。加载 Driver 类，然后自动在 DriverManager 中注册的方式有两种。

通过调用方法 Class.forName，这将显式地加载驱动程序类。加载 Driver 类并在 DriverManager 类中注册后，它们即可用来与数据库建立连接。当调用 DriverManager.getConnection 方法发出连接请求时，DriverManager 将检查每个驱动程序，查看它是否可以建立连接。

以下代码是通常情况下用驱动程序（例如 JDBC-ODBC 桥驱动程序）建立连接所需步骤的示例：

```
Class.forName("sun.jdbc.odbc.JdbcOdbcDriver"); //加载驱动程序
String url="jdbc:odbc:fred";
DriverManager.getConnection(url, "userID", "passwd");
```

4．常用的数据库介绍

（1）MySQL。MySQL 是一个开放源码的小型关联式数据库管理系统，开发者为瑞典 MySQL AB 公司。MySQL 被广泛地应用在 Internet 上的中小型网站中。由于其体积小、速度快、总体拥有成本低，尤其是开放源码这一特点，许多中小型网站为了降低网站总体拥有成本而选择了 MySQL 作为网站数据库。2008 年 1 月 16 日 MySQL AB 被 SUN 公司收购。而 2009 年，SUN 公司又被 Oracle 收购。就这样如同一个轮回，MySQL 成为了 Oracle 公司的另一个数据库项目。

与其他的大型数据库例如 Oracle、DB2、SQL Server 等相比，MySQL 有其不足之

处，但是这丝毫也没有减少它受欢迎的程度。对于一般的个人使用者和中小型企业来说，MySQL 提供的功能已经绰绰有余，而且由于 MySQL 是开放源码软件，因此可以大大降低总体拥有成本。如果采用 Linux 操作系统，可用 Apache 和 Nginx 作为 Web 服务器，MySQL 作为数据库，PHP/Perl/Python 作为服务器端脚本解释器。由于这四个软件都是免费或开放源码软件，因此使用这种方式不用花一分钱（除去人工成本）就可以建立起一个稳定、免费的网站系统。

（2）SQL Server。SQL Server 是一个关系数据库管理系统。它最初是由 Microsoft、Sybase 和 Ashton-Tate 三家公司共同开发的，于 1988 年推出了第一个 OS/2 版本。在 Windows NT 推出后，Microsoft 与 Sybase 在 SQL Server 的开发上就分道扬镳了，Microsoft 将 SQL Server 移植到 Windows NT 系统上，专注于开发推广 SQL Server 的 Windows NT 版本。Sybase 则较专注于 SQL Server 在 UNIX 操作系统上的应用。

SQL Server 是 Microsoft 公司推出的数据库管理系统，具有使用方便、可伸缩性好、与相关软件集成程度高等优点，可跨越从运行 Windows 7 的膝上型计算机到运行 Microsoft Windows 2012 的大型多处理器的服务器等多种平台使用。

Microsoft SQL Server 2005 是一个全面的数据库平台，使用集成的商业智能（BI）工具提供了企业级的数据管理。Microsoft SQL Server 2005 数据库引擎为关系型数据和结构化数据提供了更安全可靠的存储功能，使用户可以构建和管理用于业务的高可用和高性能的数据应用程序。目前，SQL Server 已经升级到 SQL Server 2016。

（3）Oracle Database。Oracle Database，又名 Oracle RDBMS，或简称 Oracle，它是甲骨文公司的一款关系数据库管理系统，到目前仍在数据库市场上占有主要份额。

Oracle 数据库系统是美国 Oracle 公司提供的以分布式数据库为核心的一组软件产品，是目前最流行的客户/服务器(Client/Server)或 B/S 体系结构的数据库之一。Oracle 数据库是目前世界上使用最广泛的数据库管理系统之一，作为一个通用的数据库系统，它具有完整的数据管理功能；作为一个关系数据库，它是一个具有完备关系的产品；作为分布式数据库，它实现了分布式处理功能。但它的所有知识，只要在一种机型上学习了 Oracle 知识，便能在各种类型的机器上使用它。

（4）DB2。DB2 是 IBM 出口的一系列关系型数据库管理系统，分别在不同的操作系统平台上服务。虽然 DB2 产品是基于 UNIX 的系统和个人计算机操作系统，在基于 UNIX 系统和微软在 Windows 系统下的 Access 方面，DB2 追寻了 Oracle 的数据库产品。

2006 年 7 月 14 日，IBM 全球同步发布了一款具有划时代意义的数据库产品——DB2（DB2 是 IBM 数据库产品系列的名称）。而这款产品最大特点即是率先实现了可扩展置标语言（XML）和关系数据间的无缝交互，而无须考虑数据的格式、平台或位置。

DB2 主要应用于大型应用系统，具有较好的可伸缩性，可支持从大型机到单用户环境，应用于 OS/2、Windows 等平台下。DB2 提供了高层次的数据利用性、完整性、安全性、可恢复性，以及小规模到大规模应用程序的执行能力，具有与平台无关的基本功能和 SQL 命令。DB2 采用了数据分级技术，能够使大型机数据很方便地下载到 LAN 数据库服务器，使得客户机/服务器用户和基于 LAN 的应用程序可以访问大型机数据，并使数据库本地化及远程连接透明化。它以拥有一个非常完备的查询优化器而著称，其外部连接改善了查询性能，并支持多任务并行查询。DB2 具有很好的网络支持能力，每个子系统可以连接十几万个分布式用户，可同时激活上千个活动线程，对大型分布式应用系统尤为适用。

5. 常用的 SQL 语句举例

创建数据库：CREATE DATABASE database-name

删除数据库：drop database dbname

创建新表：create table tabname(col1 type1 [not null] [primary key]，col2 type2 [not null]，…)

删除新表：drop table tabname

增加一个列：Alter table tabname add column col type

添加主键：Alter table tabname add primary key(col)

删除主键：Alter table tabname drop primary key(col)

创建索引：create [unique] index idxname on tabname(col…)

删除索引：drop index idxname

创建视图：create view viewname as select statement

删除视图：drop view viewname

几个简单的表的数据操作的 SQL 语句。

选择：select * from table1 where 范围

插入：insert into table1(field1，field2) values(value1，value2)

删除：delete from table1 where 范围

更新：update table1 set field1=value1 where 范围

查找：select * from table1 where field1 like '%value1%'

排序：select * from table1 order by field1，field2 [desc]

总数：select count as totalcount from table1

求和：select sum(field1) as sumvalue from table1

平均：select avg(field1) as avgvalue from table1

最大：select max(field1) as maxvalue from table1

最小：select min(field1) as minvalue from table1

解题思路

对于各大数据库厂商来说，JDBC 为数据库访问提供了一组统一标准 API，它们只是接口，并没有具体的实现，这些接口的实现由不同的数据库厂商都来提供，这些接口的实现类就是数据库驱动程序。不同厂商的数据库驱动程序不同，这些驱动程序均以 jar 包的形式提供，都能在相关的数据库网站上进行下载。

程序员在使用 JDBC 编程的时候，只需要面向标准的 JDBC API 编程即可，通过在工程中引进不同的数据库驱动程序来使用不同的数据库。

搭建数据库环境的步骤如下：

（1）安装 MySQL 数据库；

（2）设计超市进销存管理系统的数据库；

（3）测试使用 JDBC 连接数据库。

任务透析

从网站上获取 MySQL 安装程序后，就可以进行安装。如图 13.1 所示为 MySQL 安装向导。

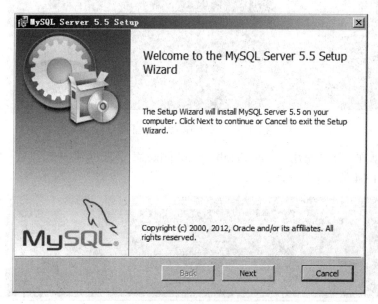

图 13.1　MySQL 安装向导

在图 13.1 安装向导中，单击"Next"按钮后，弹出图 13.2 所示界面。Typical 类型只安装 MySQL 服务器、MySQL 命令行客户端和命令行实用程序；Complete 类型将安装软件包中所有组件；Custom 允许用户完全控制想要安装的软件包和安装路径，这里选择 Complete。

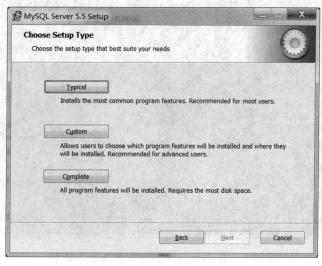

图 13.2　MySQL 三种安装方式

使用 MySQL 提供的命令行指令，进入 MySQL Command Line Client，可以在此窗口通过 SQL 语句执行数据库和数据表的操作，如图 13.3 所示。

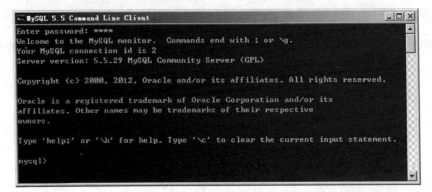

图 13.3   MySQL 命令行窗口

创建数据库，可以使用 create database gdkmjxc 命令来创建一个名为 gdkmjxc 的数据库，如图 13.4 所示。

图 13.4   用 create database gdkmjxc 命令创建数据库

可以通过 show databases 命令来获取数据库服务器上的数据库列表，查看已经存在的数据库，效果如图 13.5 所示。

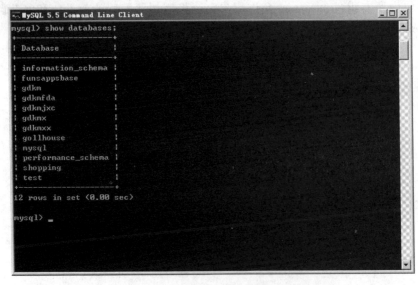

图 13.5   用 show databases 命令查看数据库

当数据库创建以后，就可以通过 use 命令，将其指定为操作数据库，以后对数据库的操作都是基于这个数据库的，如 use gdkmjxc，效果如图 13.6 所示。

图 13.6　用 use 命令选择指定的数据库

进入该默认数据库以后，就可以通过 SQL 语句来对其进行建表、查询等操作。这里设计的进销存系统和 E-R 图如图 13.7 所示。

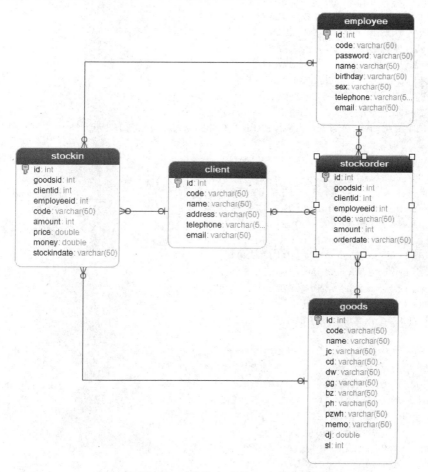

图 13.7　进销存系统 E-R 图

因此，可以 通过 SQL 语句创建该系列表，具体语句如下：

```
CREATE TABLE IF NOT EXISTS 'client' (
  'id' int(10) NOT NULL AUTO_INCREMENT,
  'code' varchar(50) DEFAULT '0',
```

```
  'name' varchar(50) DEFAULT '0',
  'address' varchar(50) DEFAULT '0',
  'telephone' varchar(50) DEFAULT '0',
  'email' varchar(50) DEFAULT '0',
  PRIMARY KEY ('id')
) ENGINE=InnoDB DEFAULT CHARSET=utf8;

CREATE TABLE IF NOT EXISTS 'goods' (
  'id' int(10) NOT NULL AUTO_INCREMENT,
  'code' varchar(50) DEFAULT NULL,
  'name' varchar(50) DEFAULT NULL,
  'jc' varchar(50) DEFAULT NULL,
  'cd' varchar(50) DEFAULT NULL,
  'dw' varchar(50) DEFAULT NULL,
  'gg' varchar(50) DEFAULT NULL,
  'bz' varchar(50) DEFAULT NULL,
  'ph' varchar(50) DEFAULT NULL,
  'pzwh' varchar(50) DEFAULT NULL,
  'memo' varchar(50) DEFAULT NULL,
  'dj' double DEFAULT NULL,
  'sl' int(11) DEFAULT NULL,
  PRIMARY KEY ('id')
) ENGINE=InnoDB AUTO_INCREMENT=8 DEFAULT CHARSET=utf8;

CREATE TABLE IF NOT EXISTS 'employee' (
  'id' int(10) NOT NULL AUTO_INCREMENT,
  'code' varchar(50) DEFAULT '0',
  'password' varchar(50) DEFAULT '0',
  'name' varchar(50) DEFAULT '0',
  'birthday' varchar(50) DEFAULT '0',
  'sex' varchar(50) DEFAULT '0',
  'telephone' varchar(50) DEFAULT '0',
  'email' varchar(50) DEFAULT '0',
  PRIMARY KEY ('id')
) ENGINE=InnoDB DEFAULT CHARSET=utf8;

CREATE TABLE IF NOT EXISTS 'stockin' (
  'id' int(10) NOT NULL AUTO_INCREMENT,
  'goodsid' int(10) DEFAULT '0',
  'clientid' int(10) DEFAULT '0',
  'employeeid' int(10) DEFAULT '0',
  'code' varchar(50) DEFAULT '0',
  'amount' int(11) DEFAULT '0',
  'price' double DEFAULT '0',
  'money' double DEFAULT '0',
  'stockindate' varchar(50) DEFAULT '0',
  PRIMARY KEY ('id'),
  KEY 'FK_stockin_goods' ('goodsid'),
  KEY 'FK_stockin_client' ('clientid'),
  KEY 'FK_stockin_employee' ('employeeid'),
```

```
     CONSTRAINT 'FK_stockin_goods' FOREIGN KEY ('goodsid') REFERENCES
        'goods' ('id'),
     CONSTRAINT 'FK_stockin_client' FOREIGN KEY ('clientid') REFERENCES
        'client' ('id'),
     CONSTRAINT 'FK_stockin_employee' FOREIGN KEY ('employeeid')
        REFERENCES 'employee' ('id')
) ENGINE=InnoDB DEFAULT CHARSET=utf8;

CREATE TABLE IF NOT EXISTS 'stockorder' (
   'id' int(10) NOT NULL AUTO_INCREMENT,
   'goodsid' int(10) DEFAULT '0',
   'clientid' int(10) DEFAULT '0',
   'employeeid' int(10) DEFAULT '0',
   'code' varchar(50) DEFAULT NULL,
   'amount' int(10) DEFAULT '0',
   'orderdate' varchar(50) DEFAULT NULL,
   PRIMARY KEY ('id'),
   KEY 'FK_stockorder_goods' ('goodsid'),
   KEY 'FK_stockorder_client' ('clientid'),
   KEY 'FK_stockorder_employee' ('employeeid'),
   CONSTRAINT 'FK_stockorder_goods' FOREIGN KEY ('goodsid') REFERENCES
      'goods' ('id'),
   CONSTRAINT 'FK_stockorder_client' FOREIGN KEY ('clientid')
     REFERENCES 'client' ('id'),
   CONSTRAINT 'FK_stockorder_employee' FOREIGN KEY ('employeeid')
     REFERENCES 'employee' ('id')
) ENGINE=InnoDB DEFAULT CHARSET=utf8;
```

接下来，我们可以使用 JDBC 对它进行连接：

```java
package edu.gdkm.sql;
import java.sql.*;
public class DBConnection{
    public static Connection getConnection(){
        Connection con=null;
        try {
            Class.forName("com.mysql.jdbc.Driver");
            System.out.println("成功加载 mysql 驱动程序");
        } catch (ClassNotFoundException e){
            System.out.println("无法找到 mysql 驱动程序，请检查 jar 包是否导
                入项目中！");
        }
        String dbURL=new String("jdbc:mysql://127.0.0.1:3306/
            gdkmjxc");
        try {
            con=DriverManager.getConnection(dbURL,"root","root");
            System.out.println("数据库连接成功");
        } catch (SQLException e){
            System.out.println("数据库连接失败");
        }
        return con;
```

```
        }
    }
package edu.gdkm.ui;

import edu.gdkm.sql.DBConnection;

public class TestMain{
    public static void main(String[] args){
        DBConnection.getConnection();
    }

}
```

经测试，数据库连接成功。

课堂提问

★ 在一个已完成的信息管理系统中，如果需要采用其他厂商的数据库，需要改动程序业务逻辑吗？为什么？哪些是需要改动的地方？

现场演练

尝试连接 SQL Server 2005。

任务二　采用 Statement 完成数据库的增、删、改、查

任务描述

超市进销存系统中商品信息的管理。

必备知识

1. Statement 类

Statement 对象用于将不带参数的简单 SQL 语句发送到数据库，该对象提供了 3 种执行 SQL 语句的方法：executeQuery、executeUpdate 和 execute，具体使用哪种方法由 SQL 语句所产生的内容决定。

（1）executeQuery 方法用于执行查询 SQL 语句，并返回一个 ResultSet 结果集，在结果集中包含了查询的结果。例如：

```
ResultSet rs=stmt.executeQuery("select id,name,title from userinfo");
```

（2）executeUpdate()方法用于执行数据库更新语句，包括 INSERT、UPDATE、DELETE 语句以及 SQL DDL 语句 CREATE TABLE、DROP TABLE 等，其返回值是一个整数，指示受影响的行数，对于 SQL DDL 语句这些不操作行的语句，返回值为 0。例如：

```
    int i=stmt.executeUpdate(update userinfo set name='张二' where name='张三');
```

（3）execute 方法用于执行返回多个结果集，多个更新行数或两种结合的语句，一般不需要使用这个语句。

2. ResultSet 结果集

ResultSet 对象是执行 Statement 对象的方法后返回的一个对象，包括了符合 SQL 语句中条件的数据库所有行，可以通过一套 get()方法（getString()、getInt()等）对这些行的数据进行访问，通过 next()方法用于访问结果集中的各行。

可以将结果集理解成一个表，其中有查询返回的字段名和相应的值，如执行 select id、name、title from userinfo，则结果集将具有如图 13.8 所示形式。

id	name	title
1	张三	教师
2	李四	学生
3	王五	学生

图 13.8　结果显示 2

get()方法用于获取当前行中某一列的值，在每一行中，可以利用 get()方法获取任意列的值，但是，为了保证可移植性，建议从左到右逐个获取，并一次性读取转存成变量后再使用。

字段名可以用于标识所在列，也可以使用列编号进行标识，列编号从 1 开始，例如，获取第一行的信息，可以使用不区分大小写的字段名进行获取：

```
Integer id=rs.getInt("id");
String name=rs.getString("name");
String title=rs.getString("title");
```

也可以使用列编号获取：

```
Integer id=rs.getInt(1);
String name=rs.getString(2);
String title=rs.getString(3);
```

常用的 get()方法还包括 getFloat()、getDate()等。

结果集对象具有指向当前数据行的指针，最初指针被置于第一行之前，调用 next()方法将指针移动到下一行，因为该方法在结果集对象没有下一行时返回 false，所以通常在 while 循环中使用 next()方法来迭代结果集。

默认的结果集对象不可更新，仅有一个向前移动的指针，因此，它只能迭代一次，并且只能按照从第一行到最后一行的顺序进行，当然，在 JDBC 2.0 以后的版本，可以生成可滚动、可更新的结果集，这两个新特性都是在创建新会话时指定的，语法如下：

```
Statement stmt=conn.createStatement(type_SCROLL,type_UPDATEABLE);
```

其中，type_SCROLL 类型可以为以下值：
● Type_Forward_Only：结果集不能滚动。
● Type_SCROLL_Insensitive：结果集可以移动，但是对数据库变化不敏感，数据库查询生成结果集后发生了变化，结果集不发生变化。

- Type_Scroll_Sensitive：结果集可以移动，但是对数据库变化敏感。
- type_UPDATEABLE 类型可以为以下值。
- Concur_Read_Only：结果集不能用于更新数据库。
- Concur_UPDATEABLE：结果集可以用于更新数据库。

它的滚动特性体现在比原来的 next 多了更多方向的指针调整。

- next()：可以使游标向下一条记录移动。
- previous()：可以使游标上一条记录移动，前提前面还有记录。
- absolute(int row)：可以使用此方法跳到指定的记录位置。定位成功返回 true，不成功返回 false，返回值为 false，则游标不会移动。
- afterLast()：游标跳到最后一条记录之后。
- beforeFirst()：游标跳到第一条记录之前（跳到游标初始位）。
- first()：游标指向第一条记录。
- last()：游标指向最后一条记录。
- relative(int rows)：相对定位方法，参数值可正可负，参数为正，游标从当前位置向下移动指定值，参数为负，游标从当前位置向上移动指定值。

3．JDBC 编程一般步骤

JDBC 对数据库的操作通过 5 个 JDBC 的类/接口来实现，包括：数据库的 JDBC 驱动器类、DriverManager 类、Connection 接口、Statement 接口和 ResultSet 接口。通过这些类和接口，可以按如下步骤和数据库建立起连接，并操作数据库。

（1）通过带参数调用 Class.forName()方法，将 DriverManager 类实例化、加载驱动程序。

（2）调用 DriverManager.getConnection()方法取得一个 Connection 对象，以此连接到数据库。

（3）通过 Connection.createStatement()方法创建一个 Statement 对象，以此来访问数据库表中的记录。

（4）通过 Statement.executeQuery()方法或 Statement.executeUpdate()方法来查询或更新数据库记录。

（5）如果执行了一个查询，可以通过处理 Statement.executeQuery()方法所返回的 ResultSet 对象，通过该对象可以进行数据库记录的浏览、新增、删除和修改。

（6）完成数据库操作后，依次调用各个对象的 Close()方法，关闭数据库连接，释放 JDBC 资源。

解题思路

超市进销存系统中商品信息的管理，其中包括商品信息列表查询，商品的添加、修改和删除，我们可以利用 statement 对象实现数据库的访问，将 SQL 语句传输到数据库，并得到对应的处理。

处理步骤如下：

（1）定义一个业务接口 GoodsService 用于完成商品信息业务操作，并在里面定义查询、添加、修改、删除等方法。

（2）利用 Statement 对象结合 SQL 语句，在 GoodsServiceImpl 类中实现该接口定义的若干方法。

（3）将数据体现到窗口显示。

任务透析

1. 设计商品信息查询窗口 GoodInfoQueryUi

```java
package edu.gdkm.ui;
import javax.swing.*;
import edu.gdkm.service.iface.GoodsService;
import edu.gdkm.service.impl.GoodsServiceImpl;
import java.awt.*;
import java.awt.event.*;
public class GoodInfoQueryUi extends JFrame {
    String text;
    JLabel label=new JLabel("选择查询条件:");
    JComboBox choice1=new JComboBox(), choice2=new JComboBox();
    JTextField textfield=new JTextField("", 20);
    JButton button1=new JButton("查询"), button2=new JButton("显示全部
        数据");
    JPanel panel=new JPanel();
    Container container;
    public static Object a[][]={};
    Object name[]={ "ID" "商品名称" "商品编号" "产地" "单位" "规格" "包装"
        "单价""数量" "批号" };
    JTable table=new JTable(a, name);
    public GoodInfoQueryUi(String s){
        super(s);
        panel.add(label);
        panel.add(choice1);
        choice1.addItem("商品全称");
        choice1.addItem("商品编号");
        choice1.addItem("产地");
        panel.add(choice2);
        choice2.addItem("等于");
        choice2.addItem("近似为");
        panel.add(textfield);
        panel.add(button1);
        button1.addActionListener(new spcxActionListener());
        panel.add(button2);
        button2.addActionListener(new qbcxActionListener());
        addWindowListener(new WindowAdapter(){
            public void windowClosing(WindowEvent e){
                dispose();
                setVisible(false);
            }
        });
        container=getContentPane();
        table.setGridColor(Color.YELLOW);
        table.getTableHeader().setReorderingAllowed(false);
        table.setColumnSelectionAllowed(false);
```

```
        table.setSelectionBackground(Color.green);
        table.setSelectionForeground(Color.red);
        container.add(panel, BorderLayout.NORTH);
        getContentPane().add(new JScrollPane(table), BorderLayout.CENTER);
        setBounds(405, 325, 700, 375);
        setResizable(false);
        setVisible(true);
    }
    class spcxActionListener implements ActionListener{
        public void actionPerformed(ActionEvent e) {
            text=(String) choice1.getSelectedItem();
            GoodsService gs=new GoodsServiceImpl();
            dispose();
            boolean istrue=gs.search(text,textfield.getText());
            if (istrue) {
                System.out.println("success");
            } else
                System.out.println("failure");
        }
    }
    class qbcxActionListener implements ActionListener{
        public void actionPerformed(ActionEvent e){
            GoodsService gs=new GoodsServiceImpl();
            dispose();
            boolean istrue=gs.search();
            if (istrue) {
                System.out.println("success");
            } else {
                System.out.println("failure");
            }
        }
    }
}
```

程序运行结果如图 13.9 所示。

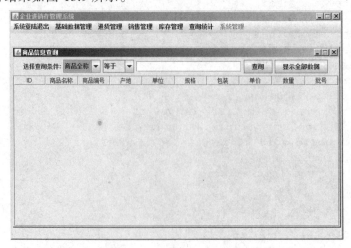

图 13.9   商品信息查询窗口

2. 定义业务接口 GoodsService

```java
package edu.gdkm.service.iface;

public interface GoodsService {
    public boolean search(String condition,String values);
    public boolean search();
    public boolean addGoods(String t0,String t1,String t2,String
        t3,String t4,String t5,String t6,String t7,String t8,String
        t9,String t10);
    public boolean editGoods(String t0,String t1,String t2,String
        t3,String t4,String t5,String t6,String t7,String t8,String
        t9,String t10);
    public boolean deleteGoods(String t0);
}
```

3. 实现商品信息列表查询显示方法 search

```java
public boolean search(){
        GoodInfoQueryUi.a=new Object[18][10];
        Statement stmt;
        ResultSet rs;
        Connection con=DBConnection.getConnection();
        try {
            stmt=con.createStatement();
            String recode;
            int n=0;
            recode="SELECT * FROM goods ";
            rs=stmt.executeQuery(recode);

            while (rs.next()) {
                GoodInfoQueryUi.a[n][0]=rs.getInt(1);
                GoodInfoQueryUi.a[n][1]=rs.getString(3);
                GoodInfoQueryUi.a[n][2]=rs.getString(2);
                GoodInfoQueryUi.a[n][3]=rs.getString(5);
                GoodInfoQueryUi.a[n][4]=rs.getString(6);
                GoodInfoQueryUi.a[n][5]=rs.getString(7);
                GoodInfoQueryUi.a[n][6]=rs.getString(8);
                GoodInfoQueryUi.a[n][7]=rs.getDouble(12);
                GoodInfoQueryUi.a[n][8]=rs.getInt(13);
                GoodInfoQueryUi.a[n][9]=rs.getString(9);
                n++;
            }
            GoodInfoQueryUi Goods=new GoodInfoQueryUi("商品信息查询");
            GoodInfoQueryUi.a=new Object[0][0];
            con.close();
            return true;
        } catch (SQLException e){
```

```
            e.printStackTrace();
            return false;
        }
    }
    public boolean search(String condition, String values){
        GoodInfoQueryUi.a=new Object[18][10];
        Statement stmt;
        ResultSet rs;
        Connection con=DBConnection.getConnection();
        try {
            stmt=con.createStatement();
            String inputStr=null, recode;
            int n=0;
            if (condition=="商品全称")
                inputStr="name="+"'"+values+"'";
            if (condition=="商品编号")
                inputStr="code="+"'"+values+"'";
            if (condition=="产地")
                inputStr="cd="+"'"+values+"'";
            recode="SELECT * FROM goods WHERE "+inputStr;
            rs=stmt.executeQuery(recode);

            while (rs.next()){
                GoodInfoQueryUi.a[n][0]=rs.getInt(1);
                GoodInfoQueryUi.a[n][1]=rs.getString(3);
                GoodInfoQueryUi.a[n][2]=rs.getString(2);
                GoodInfoQueryUi.a[n][3]=rs.getString(5);
                GoodInfoQueryUi.a[n][4]=rs.getString(6);
                GoodInfoQueryUi.a[n][5]=rs.getString(7);
                GoodInfoQueryUi.a[n][6]=rs.getString(8);
                GoodInfoQueryUi.a[n][7]=rs.getDouble(12);
                GoodInfoQueryUi.a[n][8]=rs.getInt(13);
                GoodInfoQueryUi.a[n][9]=rs.getString(9);
                n++;
            }
            if (n==0)
                JOptionPane.showMessageDialog(null, "不存在该信息", "提示
                        对话框",JOptionPane.INFORMATION_MESSAGE);
            GoodInfoQueryUi Goods=new GoodInfoQueryUi("客户信息查询");
            GoodInfoQueryUi.a=new Object[0][0];
            con.close();
            return true;
        } catch (SQLException e){
            e.printStackTrace();
            return false;
        }
    }
```

以上 2 种方法，首先定义了一个 Statement 对象：

```
Statement stmt
```

然后利用上一个任务完成的数据库连接类 DBConnection，生成一个数据库连接：

```
Connection con=DBConnection.getConnection();
```

再利用这个数据库连接对象，对 stmt 对象实现初始化：

```
stmt=con.createStatement();
```

然后预先构建好查询 SQL 语句，并将其放入 recode 对象中，利用 stmt 对象，执行该 SQL 语句，并将返回值放入到 ResultSet 中：

```
rs=stmt.executeQuery(recode);
```

最后，可以通过 ResultSet 的 getXXX 方法，对查询结果进行处理，文中代码是直接将结果设置到商品信息显示面板的对象中：

```
while (rs.next()) {
    GoodInfoQueryUi.a[n][0]=rs.getInt(1);
    GoodInfoQueryUi.a[n][1]=rs.getString(3);
    GoodInfoQueryUi.a[n][2]=rs.getString(2);
    GoodInfoQueryUi.a[n][3]=rs.getString(5);
    GoodInfoQueryUi.a[n][4]=rs.getString(6);
    GoodInfoQueryUi.a[n][5]=rs.getString(7);
    GoodInfoQueryUi.a[n][6]=rs.getString(8);
    GoodInfoQueryUi.a[n][7]=rs.getDouble(12);
    GoodInfoQueryUi.a[n][8]=rs.getInt(13);
    GoodInfoQueryUi.a[n][9]=rs.getString(9);
    n++;
}
```

得到的效果如图 13.10 和图 13.11 所示。

图 13.10　信息查询窗口

图 13.11 查询商品名称为"IPAD"的商品信息

4. 设计商品信息的添加窗口 GoodsAdminUi

```java
package edu.gdkm.ui;

import javax.swing.*;
import java.awt.*;
import java.awt.event.*;
import javax.swing.border.*;
import edu.gdkm.service.iface.GoodsService;
import edu.gdkm.service.iface.UserService;
import edu.gdkm.service.impl.GoodsServiceImpl;
import edu.gdkm.service.impl.UserServiceImpl;
public class GoodAdminUi extends JFrame {
    public static Object a[]={};
    GoodInfo_Del_Win Delete=new GoodInfo_Del_Win();
    GoodInfo_Up_Win Update=new GoodInfo_Up_Win();
    JTabbedPane tp=new JTabbedPane();
    GoodAdminUi(String s){
        super(s);
        tp.addTab("商品信息添加", Update);
        tp.addTab("商品信息修改与删除", Delete);
        addWindowListener(new WindowAdapter(){
            public void windowClosing(WindowEvent e){
                dispose();
            }
        });
        getContentPane().add(tp);
        setBounds(405, 310, 700, 400);
        // setDefaultCloseOperation(3);
        setResizable(false);
```

```
            setVisible(true);
        }
    }
    class GoodInfo_Up_Win extends JPanel {
        JLabel l_goodnumber=new JLabel("商品编号"),
                l_goodname=new JLabel("商品名称:"),
                l_goodshort=new JLabel(" 简    称:"),
                l_goodhome=new JLabel(" 产    地:"),
                l_goodunit=new JLabel(" 单    位:"),
                l_goodrule=new JLabel(" 规    格:"),
                l_goodinterf=new JLabel(" 包    装:"),
                l_goodnum=new JLabel(" 批    号:"),
                l_goodpermit=new JLabel("批准文号:"),
                l_extra=new JLabel(" 备    注:", 0);
        JTextField t0=new JTextField("", 20),
                t1=new JTextField("", 20),
                t2=new JTextField("", 20),
                t3=new JTextField("", 20),
                t4=new JTextField("", 10),
                t5=new JTextField("", 10),
                t6=new JTextField("", 10),
                t7=new JTextField("", 10),
                t8=new JTextField("", 20),
                t9=new JTextField("", 20);
        JButton button=new JButton("添加");
        Box basebox, box1, box2, box3, box4, box5, box6, basebox1,
        子 baseboxx,baseboxSide;
        GoodInfo_Up_Win(){
            box1=Box.createVerticalBox();
            box1.add(Box.createVerticalStrut(14));
            box1.add(l_goodnumber);
            box1.add(Box.createVerticalStrut(14));
            box1.add(l_goodname);
            box1.add(Box.createVerticalStrut(14));
            box1.add(l_goodshort);
            box1.add(Box.createVerticalStrut(14));
            box1.add(l_goodhome);
            box1.add(Box.createVerticalStrut(14));
            box1.add(l_goodunit);
            box1.add(Box.createVerticalStrut(14));
            box1.add(l_goodinterf);
            box1.add(Box.createVerticalStrut(14));
            box1.add(l_goodpermit);
            box1.add(Box.createVerticalStrut(14));
            box1.add(l_extra);
            box2=Box.createVerticalBox();
            box2.add(t0);
            t0.addActionListener(new tianActionListener());
            box2.add(Box.createVerticalStrut(8));
            box2.add(t1);
```

```
t1.addActionListener(new tianActionListener());
box2.add(Box.createVerticalStrut(8));
box2.add(t2);
t2.addActionListener(new tianActionListener());
box2.add(Box.createVerticalStrut(8));
box2.add(t3);
t3.addActionListener(new tianActionListener());
box3=Box.createVerticalBox();
box3.add(t4);
t4.addActionListener(new tianActionListener());
box3.add(Box.createVerticalStrut(8));
box3.add(t5);
t5.addActionListener(new tianActionListener());
box4=Box.createVerticalBox();
box4.add(l_goodrule);
box4.add(Box.createVerticalStrut(8));
box4.add(l_goodnum);
box5=Box.createVerticalBox();
box5.add(t6);
t6.addActionListener(new tianActionListener());
box5.add(Box.createVerticalStrut(8));
box5.add(t7);
t7.addActionListener(new tianActionListener());
basebox1=Box.createHorizontalBox();
basebox1.add(box3);
basebox1.add(Box.createHorizontalStrut(10));
basebox1.add(box4);
basebox1.add(Box.createHorizontalStrut(10));
basebox1.add(box5);
box6=Box.createVerticalBox();
box6.add(t8);
t8.addActionListener(new tianActionListener());
box6.add(Box.createVerticalStrut(6));
box6.add(Box.createVerticalStrut(6));
box6.add(t9);
t9.addActionListener(new tianActionListener());
baseboxx=Box.createVerticalBox();
baseboxx.add(Box.createVerticalStrut(16));
baseboxx.add(box2);
baseboxx.add(Box.createVerticalStrut(14));
baseboxx.add(basebox1);
baseboxx.add(Box.createVerticalStrut(14));
baseboxx.add(box6);
baseboxSide=Box.createVerticalBox();
basebox=Box.createHorizontalBox();
basebox.add(baseboxSide);
basebox.add(Box.createHorizontalStrut(8));
basebox.add(box1);
basebox.add(Box.createHorizontalStrut(4));
basebox.add(baseboxx);
```

```
            add(basebox);
            add(button);
            button.addActionListener(new tianActionListener());
            setLayout(new FlowLayout());
        }
    class tianActionListener implements ActionListener {
        public void actionPerformed(ActionEvent e) {
            GoodsService gs=new GoodsServiceImpl();
            boolean istrue=gs.addGoods(t0.getText(), t1.getText(),
                    t2.getText(), t3.getText(), t4.getText(), t5.getText(),
                    t6.getText(), t7.getText(), t8.getText(),
                    t9.getText());
            if (istrue) {
                System.out.println("success");
                t0.setText(null);
                t1.setText(null);
                t2.setText(null);
                t3.setText(null);
                t4.setText(null);
                t5.setText(null);
                t6.setText(null);
                t7.setText(null);
                t8.setText(null);
                t9.setText(null);
            } else
                System.out.println("failure");

        }
    }
}
class GoodInfo_Del_Win extends JPanel {
    JLabel l_goodname=new JLabel("商品名称:"),
            l_goodnumber=new JLabel("商品编号:"),
            l_goodshort=new JLabel(" 简    称:"),
            l_goodhome=new JLabel(" 产    地:"),
            l_goodunit=new JLabel(" 单    位:"),
            l_goodrule=new JLabel(" 规    格:"),
            l_goodinterf=new JLabel(" 包    装:"),
            l_goodnum=new JLabel(" 批    号:"),
            l_goodpermit=new JLabel("批准文号:"),
            l_extra=new JLabel(" 备    注:", 0);
    JTextField t0=new JTextField("", 20),
            t1=new JTextField("", 20),
            t2=new JTextField("", 20),
            t3=new JTextField("", 20),
            t4=new JTextField("", 10),
            t5=new JTextField("", 10),
            t6=new JTextField("", 10),
            t7=new JTextField("", 10),
            t8=new JTextField("", 20),
```

```
            t9=new JTextField("", 20);
    JButton button=new JButton("查询");
    JButton buttonX=new JButton("修改"), buttonS=new JButton("删除");
    Box basebox, boxchaxun,box1, box2, box3, box4, box5, box6, basebox1,
        baseboxx,baseboxSide;
    GoodInfo_Del_Win(){
        box1=Box.createVerticalBox();
        box1.add(Box.createVerticalStrut(14));
        box1.add(l_goodnumber);
        box1.add(Box.createVerticalStrut(14));
        box1.add(l_goodname);
        box1.add(Box.createVerticalStrut(14));
        box1.add(l_goodshort);
        box1.add(Box.createVerticalStrut(14));
        box1.add(l_goodhome);
        box1.add(Box.createVerticalStrut(14));
        box1.add(l_goodunit);
        box1.add(Box.createVerticalStrut(14));
        box1.add(l_goodinterf);
        box1.add(Box.createVerticalStrut(14));
        box1.add(l_goodpermit);
        box1.add(Box.createVerticalStrut(14));
        box1.add(l_extra);
        box2=Box.createVerticalBox();
        boxchaxun=Box.createHorizontalBox();
        boxchaxun.add(t0);
        boxchaxun.add(button);
        button.addActionListener(new chaxunActionListener());
        box2.add(boxchaxun);
        box2.add(Box.createVerticalStrut(8));
        box2.add(t1);
        box2.add(Box.createVerticalStrut(8));
        box2.add(t2);
        box2.add(Box.createVerticalStrut(8));
        box2.add(t3);
        box3=Box.createVerticalBox();
        box3.add(t4);
        box3.add(Box.createVerticalStrut(8));
        box3.add(t5);
        box4=Box.createVerticalBox();
        box4.add(l_goodrule);
        box4.add(Box.createVerticalStrut(8));
        box4.add(l_goodnum);
        box5=Box.createVerticalBox();
        box5.add(t6);
        box5.add(Box.createVerticalStrut(8));
        box5.add(t7);
        basebox1=Box.createHorizontalBox();
        basebox1.add(box3);
        basebox1.add(Box.createHorizontalStrut(10));
```

```
            basebox1.add(box4);
            basebox1.add(Box.createHorizontalStrut(10));
            basebox1.add(box5);
            box6=Box.createVerticalBox();
            box6.add(t8);
            box6.add(Box.createVerticalStrut(6));
            box6.add(t9);
            baseboxx=Box.createVerticalBox();
            baseboxx.add(Box.createVerticalStrut(16));
            baseboxx.add(box2);
            baseboxx.add(Box.createVerticalStrut(14));
            baseboxx.add(basebox1);
            baseboxx.add(Box.createVerticalStrut(14));
            baseboxx.add(box6);
            baseboxSide=Box.createVerticalBox();
            basebox=Box.createHorizontalBox();
            basebox.add(baseboxSide);
            basebox.add(Box.createHorizontalStrut(8));
            basebox.add(box1);
            basebox.add(Box.createHorizontalStrut(4));
            basebox.add(baseboxx);
            add(basebox);
            add(buttonX);
            buttonX.addActionListener(new alterActionListener());
            add(buttonS);
            buttonS.addActionListener(new deleteActionListener());
            setLayout(new FlowLayout());
        }
        class chaxunActionListener implements ActionListener{
            public void actionPerformed(ActionEvent arg0){
                GoodsService gs=new GoodsServiceImpl();
                boolean istrue=gs.preEditGoods(t0.getText());
                if(istrue){
                    t1.setText((String) GoodAdminUi.a[1]);
                    t2.setText((String) GoodAdminUi.a[2]);
                    t3.setText((String) GoodAdminUi.a[3]);
                    t4.setText((String) GoodAdminUi.a[4]);
                    t5.setText((String) GoodAdminUi.a[5]);
                    t6.setText((String) GoodAdminUi.a[6]);
                    t7.setText((String) GoodAdminUi.a[7]);
                    t8.setText((String) GoodAdminUi.a[8]);
                    t9.setText((String) GoodAdminUi.a[9]);
                }
                GoodAdminUi.a=new Object[0];
            }
        }
        class alterActionListener implements ActionListener {
            public void actionPerformed(ActionEvent e) {
                int n=JOptionPane.showConfirmDialog(t3, "你确认修改吗？", "
确认对话框",JOptionPane.YES_NO_OPTION);
```

```
                if (n==JOptionPane.YES_OPTION){
                    GoodsService gs=new GoodsServiceImpl();
                    boolean istrue=gs.editGoods(t0.getText(), t1.getText(),
                    t2.getText(),t3.getText(),t4.getText(),t5.getText(),
                    t6.getText(), t7.getText(), t8.getText(),t9.getText());
                    if (istrue) {
                        System.out.println("success");
                        t0.setText(null);
                        t1.setText(null);
                        t2.setText(null);
                        t3.setText(null);
                        t4.setText(null);
                        t5.setText(null);
                        t6.setText(null);
                        t7.setText(null);
                        t8.setText(null);
                        t9.setText(null);
                    } else
                        System.out.println("failure");
                } else {
                }
            }
        }
        class deleteActionListener implements ActionListener {
            public void actionPerformed(ActionEvent e) {
                int n=JOptionPane.showConfirmDialog(t3, "你确认删除吗？", "
                    确认对话框",JOptionPane.YES_NO_OPTION);
                if (n==JOptionPane.YES_OPTION) {
                    GoodsService gs=new GoodsServiceImpl();
                    boolean istrue=gs.deleteGoods(t0.getText());
                    if(istrue) {
                        System.out.println("success");
                        t0.setText(null);
                        t1.setText(null);
                        t2.setText(null);
                        t3.setText(null);
                        t4.setText(null);
                        t5.setText(null);
                        t6.setText(null);
                        t7.setText(null);
                        t8.setText(null);
                        t9.setText(null);
                    } else
                        System.out.println("failure");
                } else {
                }
            }
        }
    }
```

本类窗口布局使用了 BoxLayout，有疑问的同学可以自行寻找资料，窗口效果图如图 13.12 和图 13.13 所示。

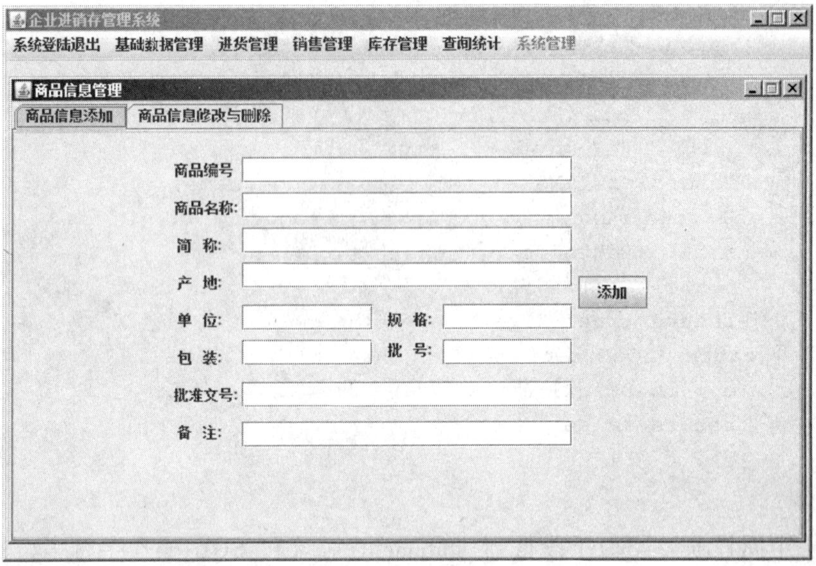

图 13.12　商品信息添加界面

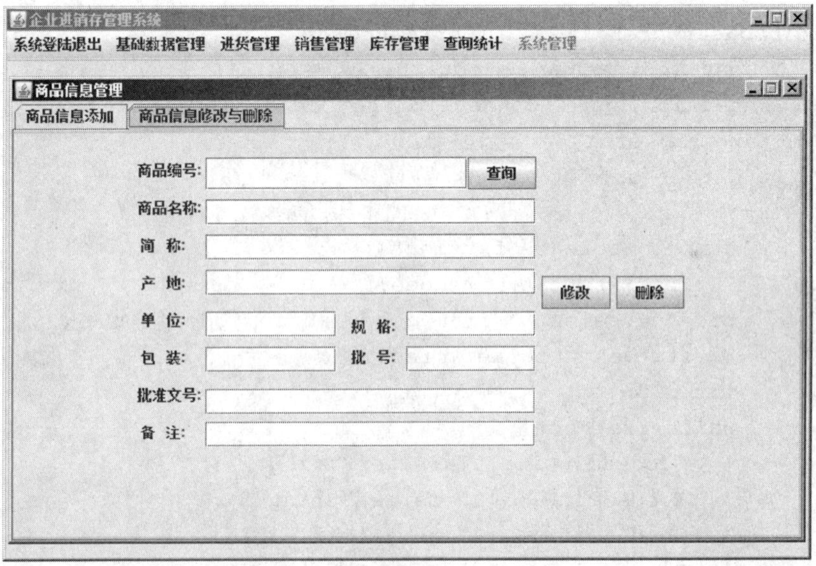

图 13.13　商品信息修改与删除界面

5. 实现信息添加方法 addGoods()

```
    public boolean addGoods(String t0, String t1, String t2, String t3,
String t4, String t5, String t6, String t7, String t8, String t9){
        Connection con=DBConnection.getConnection();
        Statement stmt;
        String text1=null, text2=null;
        try{
            stmt=con.createStatement();
```

```
            String insertStr, recode;
            recode="("+"'"+t0+"'"+","+"'"+t1+"'"+","+"'"
                +t2+"'"+","+"'"+t3+"'"+","+"'"+t4+"'"+","+"'"+t5+"'"+",
                "+"'"+t6+"'"+","+"'"+t7+"'"+","+"'"+t8+"'"+","+"'"+t9
                +"'"+","+text1+","+text2+")";
            insertStr="INSERT INTO goods(code,name,jc,cd,dw,gg,bz,ph,
                pzwh,memo,dj,sl) VALUES "+recode;
            stmt.executeUpdate(insertStr);
            con.close();
            return true;
        } catch (SQLException e){
            e.printStackTrace();
            return false;
        }
    }
```

本方法中同样通过类似手段得到 statement 对象和 SQL 操作字符串，然后通过
stmt.executeUpdate(insertStr)实现将 SQL 新增语句执行到数据库。

6. 实现信息的修改方法 preEditGoods()和 editGoods()

```
public boolean preEditGoods(String t0) {
        GoodAdminUi.a=new Object[10];
        Connection con=DBConnection.getConnection();
        Statement stmt;
        ResultSet rs;
        try {
            stmt=con.createStatement();
            String insertStr, recode;
            recode="select * from goods where code='"+t0+"'";
            rs=stmt.executeQuery(recode);
            int n=0;
            while (rs.next()) {
                GoodAdminUi.a[0]=rs.getString(2);
                GoodAdminUi.a[1]=rs.getString(3);
                GoodAdminUi.a[2]=rs.getString(4);
                GoodAdminUi.a[3]=rs.getString(5);
                GoodAdminUi.a[4]=rs.getString(6);
                GoodAdminUi.a[5]=rs.getString(7);
                GoodAdminUi.a[6]=rs.getString(8);
                GoodAdminUi.a[7]=rs.getString(9);
                GoodAdminUi.a[8]=rs.getString(10);
                GoodAdminUi.a[9]=rs.getString(11);
                n++;
            }
            con.close();
            if (n==0){
```

```
                    JOptionPane.showMessageDialog(null, "不存在该信息", "提示
                对话框",
                        JOptionPane.INFORMATION_MESSAGE);
            return false;
        }


        return true;

    } catch (SQLException e) {

        e.printStackTrace();
        return false;
    }
}
public boolean editGoods(String t0, String t1, String t2, String t3,
        String t4, String t5, String t6, String t7, String t8, String t9){
    Connection con=DBConnection.getConnection();
    Statement stmt;
    try {
        stmt=con.createStatement();
        String updateStr,recode;

        updateStr="UPDATE goods SET name='"+t1+"' WHERE code
            ="+"'"+t0+"'";stmt.executeUpdate(updateStr);
        updateStr="UPDATE goods SET jc='"+t2+"' WHERE code
            ="+"'"+t0+"'";stmt.executeUpdate(updateStr);
        updateStr="UPDATE goods SET cd='"+t3+"' WHERE code
            ="+"'"+t0+"'";stmt.executeUpdate(updateStr);
        updateStr="UPDATE goods SET dw='"+t4+"' WHERE code
            ="+"'"+t0+"'";stmt.executeUpdate(updateStr);
        updateStr="UPDATE goods SET gg='"+t5+"' WHERE code
            ="+"'"+t0+"'";stmt.executeUpdate(updateStr);
        updateStr="UPDATE goods SET bz='"+t6+"' WHERE code
            ="+"'"+t0+"'";stmt.executeUpdate(updateStr);
        updateStr="UPDATE goods SET ph='"+t7+"' WHERE code
            ="+"'"+t0+"'";stmt.executeUpdate(updateStr);
        updateStr="UPDATE goods SET pzwh='"+t8+"' WHERE code
            ="+"'"+t0+"'";stmt.executeUpdate(updateStr);
        updateStr="UPDATE goods SET memo='"+t9+"' WHERE code
            ="+"'"+t0+"'";stmt.executeUpdate(updateStr);
        con.close();
        return true;

    } catch (SQLException e){
```

```
        e.printStackTrace();
        return false;
    }
}
```

其中，preEditGoods()方法用于修改和删除之前的查询预处理，在实现数据修改或者删除之前，往往需要查看原有的数据，在此基础上进行修改或者删除工作，所以一个成熟的修改方法，其预处理查询必不可少。本方法中，采用了商品编号作为查询依据。

editGoods()方法则用于对数据进行更新替换，其通过调用 stmt.executeUpdate()方法完成 SQL 更新语句的实现。测试将商品编号为 100002 的简称改成冰红茶，效果如图 13.14～图 13.16 所示。

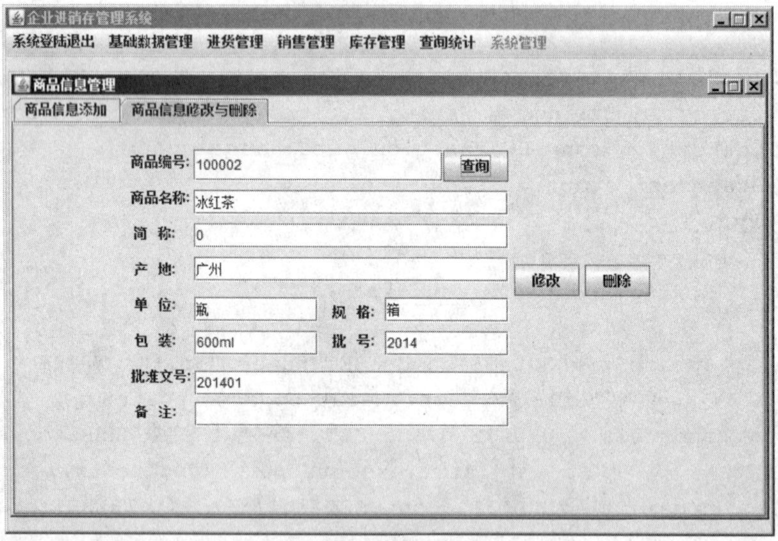

图 13.14　商品信息修改效果页面

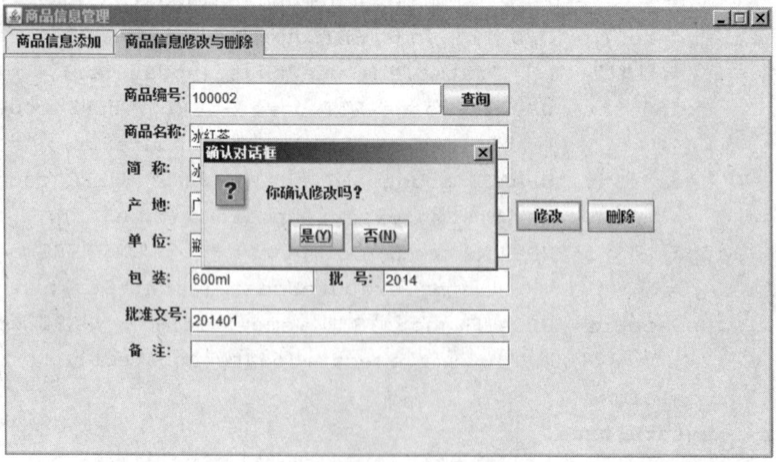

图 13.15　商品信息修改询问对话框

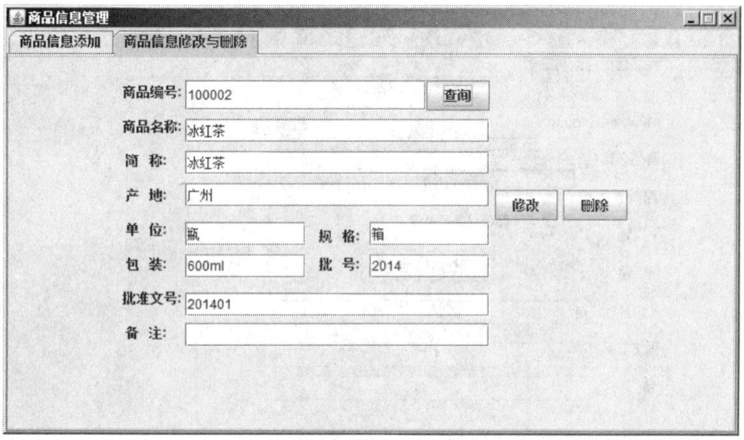

图 13.16　商品信息修改成功

7. 实现信息的删除方法 deleteGoods

```java
public boolean deleteGoods(String t0) {
    Connection con=DBConnection.getConnection();
    Statement stmt;
    try {
        stmt=con.createStatement();
        String recode;
        recode="DELETE FROM goods where code='"+t0+"'";
        stmt.executeUpdate(recode);
        con.close();
        return true;
    } catch (SQLException e){
        e.printStackTrace();
        return false;
    }
}
```

删除方法的实现与修改方法类似，只是将 SQL 的 UPDATE 语句改为使用 DELETE 语句而已，尝试删除编号为 100003 的商品，效果如图 13.17 和图 13.18 所示。

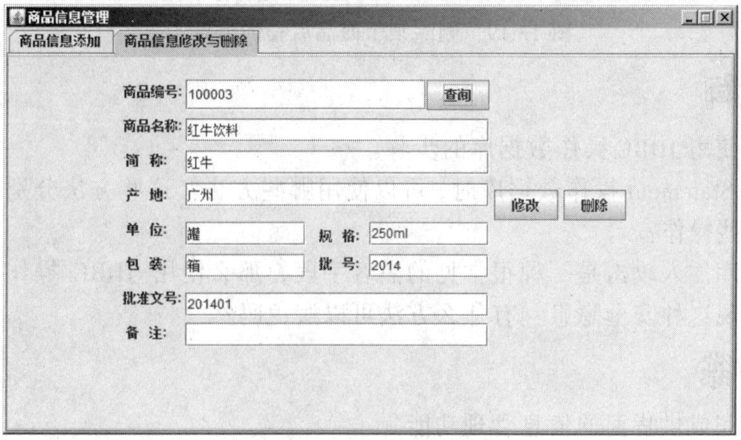

图 13.17　删除商品信息

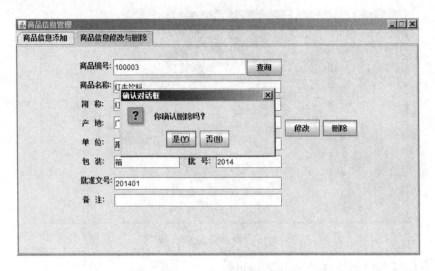

图 13.18 确认删除对话框

从图 13.19 可以看到，当删除确认以后，再次输入该编号查询，会提示不存在该信息，证明删除成功。

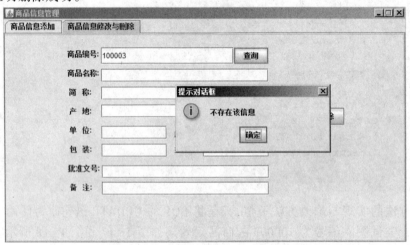

图 13.19 删除某个商品后查询结果

课堂提问

★ 简述使用 JDBC 操作数据库的步骤。

★ 使用 Statement 操作数据库时，可以使用哪些方法？这些方法分别针对数据库的哪些操作？

★ 数据库注入攻击是一种很常见的黑客手段，那么使用 JDBC 操作数据库会不会出现这种安全隐患？有什么方法可以避免吗？

现场演练

1. 尝试完成供货商的信息管理功能。

2. 尝试完成员工的信息管理功能。

任务三　采用 PreparedStatement 完成数据库的增删改查

任务描述

使用 PreparedStatement 实现商品信息的管理。

必备知识

1. PreparedStatement 简介

PreparedStatement 接口继承与 Statement，但是两者有很大的不同之处。

PreparedStatement 对象在初始化时包含了已经编译好的需要执行的 SQL 语句，由于它的预编译特性，该对象执行的速度要快于 Statement 对象，适用于需要多次执行的 SQL 语句。

包含在 PreparedStatement 对象中的 SQL 语句可以利用该对象提供的 set() 方法，实现一个或多个参数，这些参数在创建时未被指定，使用问号（"?"）作为占位符，在语句被执行之前，可以通过适当的 setXXX 方法来提供参数的值。

同时，execute、executeQuery 和 executeUpdate 方法将不再需要提供 SQL 语句作为参数。例如：

```
PreparedStatement pstmt=con.prepareStatement("select*from goods where
id=? and name=?");
```

在执行该 PreparedStatement 对象之前，需要将每个 "?" 参数的值进行设定，格式如下：

```
pstmt.setInt(1,100);
pstmt.setString(2,"可口可乐");
```

之后，即可直接执行 executeQuery 方法进行查询操作：

```
ResultSet rs=pstmt.executeQuery();
```

2. PreparedStatement 对象的常用方法（见表 13.2）

表 13.2　PreparedStatement 对象的常用方法

方　　法	说　　明
clearParameters()	立即清除当前参数值
executeQuery()	执行 SQL 查询，返回结果集
executeUpdate()	执行 SQL 更新语句
setString()	将指定参数设置为字符串的值
setDouble()	将指定参数设置为双精度值
setInt()	将指定参数设置为整数值

解题思路

因为需要实现的功能与任务二一致，只需要将任务二中使用 Statement 的部分使用对应的 PreparedStatement 替换即可。

任务透析

```java
public boolean search(String condition, String values){
    GoodInfoQueryUi.a=new Object[18][10];
    PreparedStatement pstmt;
    ResultSet rs;
    Connection con=DBConnection.getConnection();
    try {
        String inputStr=null, recode;
        int n=0;
        if (condition=="商品全称")
            inputStr="name=?";
        if (condition=="商品编号")
            inputStr="code=?";
        if (condition=="产地")
            inputStr="cd=?";
        recode="SELECT * FROM goods WHERE "+inputStr;
        pstmt=con.prepareStatement(recode);
        pstmt.setString(1, values);
        rs=pstmt.executeQuery();
        while (rs.next()) {
            GoodInfoQueryUi.a[n][0]=rs.getInt(1);
            GoodInfoQueryUi.a[n][1]=rs.getString(3);
            GoodInfoQueryUi.a[n][2]=rs.getString(2);
            GoodInfoQueryUi.a[n][3]=rs.getString(5);
            GoodInfoQueryUi.a[n][4]=rs.getString(6);
            GoodInfoQueryUi.a[n][5]=rs.getString(7);
            GoodInfoQueryUi.a[n][6]=rs.getString(8);
            GoodInfoQueryUi.a[n][7]=rs.getDouble(12);
            GoodInfoQueryUi.a[n][8]=rs.getInt(13);
            GoodInfoQueryUi.a[n][9]=rs.getString(9);
            n++;
        }
        if (n==0)
            JOptionPane.showMessageDialog(null, "不存在该信息", "提示
                对话框",JOptionPane.INFORMATION_MESSAGE);
        GoodInfoQueryUi Goods=new GoodInfoQueryUi("客户信息查询");
        GoodInfoQueryUi.a=new Object[0][0];
        con.close();
        return true;
    } catch (SQLException e){
        e.printStackTrace();
        return false;
    }
}
```

PreparedStatement 的效率特性在用户进行程序练习时很难体会得到，因为我们的数据量非常小，这么少的数据量的效率提升基本无法通过感觉来体会。但是，需要注意的是，程序员通常会始终以 PreparedStatement 代替 Statement，也就是说，在任何时候都不要使用 Statement，因为使用 PreparedStatement 最重要的一点是极大地提高了安全性。例如以下这条 SQL 语句：

```
String sql="select * from users where name='"+name+"' and passwd=
'"+passwd+"'";
```

当这条 SQL 语句由 Statement 执行的时候，如果把[or '1'='1']作为 passwd 传入进来，用户名随意，看看这条 SQL 语句会变成什么？

```
select * from users where name='xxx' and passwd='' or '1'='1';
```

　　因为'1'='1'肯定成立，所以可以通过任何验证，从而进入任何人的账号中，这就是最简单的数据库注入。那么如果使用预编译语句，传入的任何内容就不会和原来的语句发生任何匹配的关系，只要全使用预编译语句，就不用对传入的数据做任何过滤，这就是为什么通常使用 PreparedStatement 的原因。

课堂提问

　　★ PreparedStatement 与 Statement 相比较，有何优势？

现场演练

　　请结合任务二和任务三，完成程序代码，查看运行结果，并测试各模块的功能。

思 考 练 习

简答题

　　1. 每次 SQL 操作都需要建立和关闭连接，这将会消耗大量的资源开销，有什么办法可避免呢？

　　2. JDBC 中的 PreparedStatement 相比 Statement 的好处是什么？

　　3. 简述 Class.forName 的作用。为什么要使用它？

　　4. 简述大数据量下的分页解决方法。

上机实训（十三）

一、实训题目
数据库编程。

二、实训目的
　　1. 掌握用 JDBC-ODBC 驱动程序或纯 Java 技术方式连接 SQL Server 数据库的方法。

2. 掌握用 JDBC 技术开发信息管理桌面应用程序。

3. 掌握数据库基本的查删改操作。

三、实训内容

实训 数据库编程。

要求：用 JDBC 或 Swing+JDBC 技术开发一个桌面应用程序，用来管理学生信息。

具体要求及步骤如下：

步骤一：创建数据库和连接数据库。

（1）创建 SQL Server 数据库，创建学生信息表 student_info，结构如表 13.3 所示。

表 13.3

字　段	类　型	说　明
id	int	自增长（非空）
sno（学号）	varchar(50)	主键（非空）
name（姓名）	varchar(50)	
password(密码)	varchar(50)	
sex(性别)	nchar(10)	
age(年龄)	nchar(10)	
dom(宿舍)	nchar(10)	
shool(原毕业学校)	nchar(10)	
speciality(专业方向)	nchar(10)	
mobile_phone(手机)	nchar(10)	
qq	nchar(10)	
email	nchar(10)	

（2）采用 JDBC-ODBC 驱动或纯 Java 技术方式连接 SQL Server 数据库。

步骤二：实现记录的基本查、删、改操作。

（1）设计表格，显示所有学生信息。

（2）分别完成按学号或姓名查询指定学生信息。

（3）删除指定学生信息。

（4）增加学生记录。

（5）修改学生记录。

四、实训报告要求

1. 源程序代码。

2. 测试数据和结果。

3. 实验心得与体会。

API 帮助文档的使用 «‹‹

项目描述

API 帮助文档也就是人们所说的帮助手册，类似于汉语词典，里面收录了很多词条，对每个词语的具体的含意、用法都有说明。用户可以通过下载获取 API 帮助手册，也可使用在线帮助手册。本项目主要通过几个具体任务来介绍 API 帮助文档的使用方法。

项目分解

本项目可分解为以下几个任务：
● 格式化日期 SimpleDateFormat 类的使用；
● 网络编程类 ServerSocket 和 Socket 的使用；
● java.sql 常用 API 查询及的使用。

任务一 格式化日期 SimpleDateFormat 类的使用

任务描述

时间格式调整，把当前系统时间调整为××××年××月××日格式。

必备知识

1. Java API 中有哪些包

打开 JDK API 帮助文档，在"目录"选项卡中，单击"java"前的"+"号展开，可看到 Java 有 13 个包，分别是：java.util 工具包、java.sql 数据库包、java.io 输入/输出包、java.net 网络包、java.lang 基础包、java.text 文本包、java.awt 日期包、java.math 数字包，等等，如图 14.1 所示。想了解其他包的功能，可展开项目查看。

图 14.1　Java API 中的包

2．API 的结构及使用

打开 API，可看到两个框架窗体，左窗体有 4 个选项卡："目录""索引""搜索"和"收藏夹"。一般在查询 API 时利用"索引"项目进行查找，尤其是不知道想要使用的类在哪个包中时。当然，如果知道某个类或接口在某个包中，也可直接从"目录"选项卡对应的包中入手。当查找到某个具体的类时，右部窗体会显示这个类的具体解释，包括它的继承关系、类的作用、构造方法、方法摘要等，如图 14.2 所示。我们主要关注的是常用方法。

图 14.2　API 帮助文档主界面

注意：API 文档仅仅是查询类、接口、方法的功能参数等，并不是教我们怎样去使用 Java 编写程序。API 的作用在于对某些类有初步的了解之后，对相关类进行更深一步的也解和使用。

解题思路

（1）使用 API 帮助文档的索引功能找到 SimpleDateFormat 类，查看此类的使用说明。了解此类的说明后可以找到此类有四个构造方法，选择其中的一个：SimpleDateFormat (String pattern)。

用给定的模式和默认语言环境的日期格式符号构造 SimpleDateFormat，即：

```
DateFormat formatter=new SimpleDateFormat("yyyy 年 MM 月 dd 日");
```

（2）格式化系统时间（需要先获取系统时间 new Date()），找到需要的方法，在此类找不到，可以去其父类找。在 API 文档可以看到如图 14.3 所示的关系。

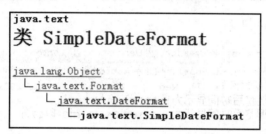

图 14.3　各类之间的关系

找到方法 **format**(Date date)，当然也可以使用其他方法，下面以这个方法为例，如图 14.4 所示。

图 14.4　format(Date date)方法介绍

（3）格式化系统时间。

任务透析

```java
// 任务源代码 : ChangeTime.java
import java.text.DateFormat;
import java.text.SimpleDateFormat;
import java.util.Date;

public class ChangeTime{
    public static void main(String args[]){
        //用 yyyy 年 MM 月 dd 日构造日期格式
        DateFormat formatter=new SimpleDateFormat("yyyy 年 MM 月 dd 日");
        //也可以加上时间
```

```
        DateFormat formatter1=new SimpleDateFormat("yyyy 年 MM 月 dd 日
            HH 时 mm 分");
        // 获取到当前系统时间
        Date currentTime=new Date();
        System.out.println("调整前时间显示为: " + currentTime);
        // 将日期时间格式化成 yyyy 年 MM 月 dd 日
        String str_date=formatter.format(currentTime);
        // 将日期时间格式化成 yyyy 年 MM 月 dd 日 HH 时 mm 分
        String str_date1=formatter1.format(currentTime);
        System.out.println(" 1.调整后时间显示为: " + str_date);
        System.out.println(" 2.调整后时间显示为: " + str_date1);
    }
}
```

运行结果如图 14.5 所示。

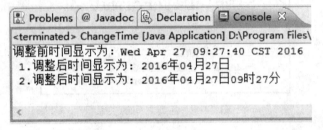

图 14.5　任务运行结果

虽说使用 API 帮助手册要求对所用的类有大致的了解，但有些时候，我们不知道该用什么类来完成所需功能，这时怎么办呢？其实也是可以推理出来的。例如说时间格式调整，我们想到文本是可以调整格式的，然后找到 text 包，接着查看 text 包中的类，可以看到 DateFormat、DateFormat.Field、DateFormatSymbols 这些类。因为 Java API 中定义的类和方法的命名是非常规范的，也就是做到望文生义。这几个类的字面意思和题目要求都比较接近，其中，DateFormat（字面意思为日期格式）是最符合的。然后看它的详细说明，它虽然符合我们想要的功能，但它是抽象类，不能实例化。我们再找到它的子类（在类名下面有此类的上下关系）SimpleDateFormat，查看它的构造方法，选用最合适的方法，最后找需要的方法。在 SimpleDateFormat 中如果没有我们想要的方法，则可以找它从父类继承过来的方法，找到想要的方法 format()。如果还是没有符合的方法就要重复上述过程，找到 DateFormat.Field，依此类推。

课堂提问

★ 如果想使用的类是抽象类或接口时，不能直接实例化对象，该怎么办？
★ 如果在某个类中找不到想要的方法时，又该怎么办？

现场演练

按照任务的解题思路，去查看 API 帮助文档，完成任务要求的调整系统时间显示格式。

任务二　网络编程类 ServerSocket 和 Socket 的使用

任务描述

基于 TCP 协议，采用客户端/服务器模式，完成简单问答功能。

必备知识

1. ServerSocket 类的使用

使用 API 文档找到 java.net 包，在 java.net 包下找到 ServerSocket 和 Socket 这两个类。

（1）要使用 ServerSocket 类，首先确定它不是抽象类或接口。接着在它的五个构造方法中找一个合适的构造方法，用于实例化 ServerSocket 类对象。选择 ServerSocket(int port)构造方法，用于创建绑定到特定端口的服务器套接字：

```
ServerSocket ss=new ServerSocket(8111);
//创建端口号为 8111 的 ServerSocket 对象
```

ServerSocket 类构造方法摘要如图 14.6 所示。

| **Server Socket**()创建非绑定服务器套接字 |
| **Server Socket**(int port)创建绑定到特定端口的服务器套接字 |
| **ServerSock**(int port, int backlog)利用指定的 backlog 创建服务器套接字并将其绑定到指定的本地端口号 |
| **ServerSocket**(int port, int backlog, InteAddress bindAddr)使用指定的端口、侦听 backlog 和要绑定到的本地 IP 地址创建服务器 |

图 14.6　ServerSocket 类的方法摘要 1

（2）在方法摘要中，列出了常用的方法。查看方法功能描述，找到所需的方法：Socket accept()，用于侦听并接受到此套接字的连接。

ServerSocket 类方法摘要如图 14.7 所示。

Socket	**accept**()侦听并接受到此套接字的连接
void	**bind**(SocketAddress endpoint)将 ServerSocket 绑定到特定地址（IP 地址和端口号）
void	**bind**(SocketAddress endpoint, int backlog)将 ServerSocket 绑定到特定地址（IP 地址和端口号）
void	**close**()关闭此套接字
ServerSoket Channel	**getChannel**()返回与此套接字关联的唯一 ServerSocketCannel 对象（如果有）
InteAddress	**getInetAddress**()返回此服务器套接字的本地地址
int	**getLocklPort**()返回此套接字在其上侦听的端口

图 14.7　ServerSocket 类的方法摘要 2

2. Socket 类的使用

找要用的构造方法：Socket(String host，int port)，使用用户指定的端口创建一个流套接字。

```
Socket s==new Socket("192.168.1.100", 8111);
//创建于服务器端口 8111 连接的 Socket 对象，192.168.1.100 为本机 IP 地址
```

Socket 类构造方法摘要如图 14.8 所示。

Socket()通过系统默认类型的 SocketImp1 创建未连接套接字
Socket(InetAddress address, int port)创建一个流套接字并将其连接到指定 IP 地址的指定端口号
Socket(InetAddress host, int port, boolean stream)已过时。*Use DatagramSocket instead for UDP transport.*
Socket(InetAddress address, int port, InetAdderess localAddr, int local Port)创建一个套接字并将其连接字并将其连接到指定远程端口上的指定远程地址
Socket(Proxy proxy)根据不管其他设置如何都应使用的指定代理类型（如果有），创建一个未连接的套接字
Socket(Socket Impl impl)创建带有用户指定的 Socket Impl 的未连接 Socket
Socket(String host, int port)创建一个流套接字并将其连接到指定主机上的指定端口号

图 14.8　Socket 类方法摘要

3. 输入/输出流的使用

（1）数据输出流 DataOutputStream。

在 API 文档中，先找到 DataOutputStream 类，再找它的构造方法。

构造方法如下：

DataOutputStream(OutputStream in)：使用指定的底层 OutputStream 创建一个 DataOutputStream。

```
DataOutputStream dout=new DataOutputStream(s.getOutputStream())
//s 为 Socket 对象
```

（2）数据输入流 DataInputStream。

构造方法如下：

DataInputStream(InputStream in)：使用指定的底层 InputStream 创建一个 DataInputStream。

```
DataInputStream din=new DataInputStream(s.getInputStream());
```

解题思路

服务器端：

（1）创建端口为 8111 的 ServerSocket 对象；

（2）创建 DataOutputStream 输出流对象写入数据；

（3）创建 DataInputStream 输入流对象读取数据。

客户端：

（1）创建于服务器端口 8111 连接的 Socket 对象；

（2）创建 DataInputStream 输入流对象读取数据；

（3）创建 DataOutputStream 输出流对象写入数据。

任务透析

```java
// 任务客户端代码： AnswerQuesion.java
import java.io.DataInputStream;
import java.io.DataOutputStream;
import java.net.Socket;
import java.util.Scanner;

public class AnswerQuesion {
    public static void main(String[] args){
        Socket s=null;
        DataInputStream din=null;
        DataOutputStream dout=null;
        try{
            //创建与服务器端口 8111 连接的 Socket 对象,127.0.0.1 为本机 IP 地址
            s=new Socket("127.0.0.1", 8111);
            din=new DataInputStream(s.getInputStream());
            dout=new DataOutputStream(s.getOutputStream());
            System.out.println("问题是: "+din.readUTF());
            String answer=new Scanner(System.in).nextLine();
            dout.writeUTF(answer);
        }catch (Exception e){
        }
    }
}


// 服务器端代码: AskQuesion .java
import java.io.DataInputStream;
import java.io.DataOutputStream;
import java.net.ServerSocket;
import java.net.Socket;

public class AskQuesion {
    public static void main(String[] args){
        ServerSocket ss=null;
        Socket s=null;
        DataInputStream din=null;
        DataOutputStream dout=null;
        try{
            //创建端口号为 8111 的 ServerSocket 对象
            ss=new ServerSocket(8111);
            System.out.println("提问: ");
            //当 ss 接收到客户端请求后创建 Socket 对象 s
```

```
        s=ss.accept();
        //创建 DataOutputStream 输出对象
        dout=new DataOutputStream(s.getOutputStream());
        //创建 DataInputStream 输入对象
        din=new DataInputStream(s.getInputStream());
        String quesion="现任美国总统是谁?";
        //向输出流写入数据
        dout.writeUTF(quesion);
        System.out.println(quesion);
        Thread.sleep(1);
        //显示读取文本
        System.out.println("回答: "+din.readUTF());
        ss.close();
    }catch (Exception e){
    }
    }
}
```

注意：在运行客户端/服务器程序时，要先运行服务器端程序，再运行客户端程序。类似于收发短信，首先要先打开短信中心，然后才能通过它来达到收发短信的功能。首先在 MyEclipse 中运行服务器端程序 AskQuesion .java，然后在命令行方式中运行客户端程序 AnswerQuesion.java，运行结果如图 14.9 和图 14.10 所示。

图 14.9　任务服务器端运行结果　　　　　图 14.10　任务客户端运行结果

课堂提问

★ 在 API 帮助文档中，某个类通常会有多个构造方法，构造方法支持重载吗？

现场演练

按照任务的解题思路，去查看 API 帮助文档，完成基于 TCP 协议客户端/服务器程序的设计。

任务三　数据库编程类的使用

任务描述

查询并显示数据库名为 QQ 表名为 userinfo 的所有记录。表 userinfo 中有两个的字段：（username，password），分别是账号和密码。

必备知识

1. Java.sql 包中的主要接口

在项目十三中，已详细介绍了数据库访问技术及相关类的操作。本项目主要是介绍如何使用 API 文档，获得相关接口或类的使用帮助。

打开 API，在"索引"中输入 java.sql，可以看到在此包中定义的接口、类和异常，但其中最重要的是：Connection（创建连接）、Statement（查询状态）和 ResultSet（查询结果集）接口和类 DriverManager。因为不管使用何种数据库，都需要提供驱动程序路径、连接地址、端口号、数据库用户名和密码等信息。

2. 两种常用的数据库访问技术

用 Java 程序从数据库读取数据或将数据写入到数据库中，常用的访问方法有：ODBC 和 JDBC。

（1）ODBC 方式。ODBC 是微软提供的开放式数据库连接，使用 ODBC 方式，需要配置一个数据源。

（2）JDBC 方式。JDBC 是由 SUN 公司提供的纯 Java 驱动程序，使用 JDBC 方式需要导入驱动包（sqljdbc.jar），可直接访问数据源（DataSource）。一个数据库可映射为多个 DataSource，通过 DataSource 就可以访问数据库。

商业开发是采用 JDBC 纯 Java 驱动方式的，故我们以 JDBC 为例进行讲解。JDBC 的基本层次结构如图 14.11 所示。

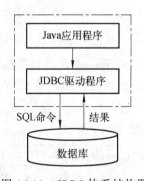

图 14.11　JDBC 体系结构图

在图 14.11 中，JDBC 驱动程序将 SQL 查询语句发送到数据库中，数据库得到查询结果后返回给 JDBC 驱动程序。实际上，在 JDBC 驱动程序和 Java 应用程序之间还有一层驱动管理器。

3. 数据库相关类的使用

（1）数据的连接。在加载驱动程序后，要建立与数据库之间的连接。首先查找 java.sql 包中的 DriverManager 类，该类专门提供管理一组 JDBC 驱动程序的基本服务。API 文档中对 DriverManager 类的说明如图 14.12 所示。

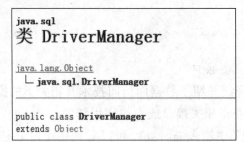

图 14.12　DriverManager 类的说明

在 DriverManager 类的方法摘要中，有三个重载的 getConnection()方法，该方法的作用是建立到 url 指定数据库的连接，使用带三个参数的 getConnection(String url, String user, String password)方法，因为此方法被声明为静态方法（static），因此，可以用类 DriverManager 直接调用。同时，方法返回类型是 Connection。

```
Connection conn=DriverManager.getConnection(url, user, password);
// 创建连接对象
```

DriverManager 类方法摘要如图 14.13 所示。

static void	deregisterDriver(Driver driver)从 DriverManager 的列表中删除一个驱动程序
static Connection	getConnection(String url)试图建立到给定数据库 URL 的连接
static Connection	getConnection(String url, Properties info)试图建立到给定数据库 URL 的连接
static Connection	getConnection(String url, String user, String password)试图建立到给定数据库 URL 的连接

图 14.13　DriverManager 类的方法摘要

（2）向数据库发送 SQL 命令。建立连接成功后，要向数据库发送和执行 SQL 命令。这时，查 API 文档中的 Connection 接口，看看接口中的哪个方法可以创建一个 Statement 对象。需要一个 Statement 对象，使用该对象的方法集执行 SQL 命令，以获得执行的结果集。

Connection 接口方法摘要如图 14.14 所示。

void	clearWarnings()清除为此 Connection 对象报告的所有警告
void	close()立即释放此 Connection 对象的数据库和 JDBC 资源，而不是等待它们被自动释放
void	commit()使自从上一次提交/回滚以来进行的所有更改成为持久更改，并释放此 Connection 对象当前保存的所有数据库锁定
Statement	createStatement()创建一个 Statement 对象来将 SQL 语句发送到数据库
Statement	createStatement(int result SetType, int resultSetConcurrency)创建一个 Statement 对象，该对象将生成具有给定类型和并发性的 ResultSet 对象
Statement	createStatement(int resultSetTypt, int resultSetConcurrency, int resultSetHoldability)创建一个 Statement 对象，该对象将生成具有给定类型、并发性和可保存性的 ResultSet 对象

图 14.14　Connection 接口的方法摘要

用无参的 createStatement()方法，创建一个 Statement 对象来将 SQL 语句发送到数据库。

```
Statement stmt=conn.createStatement();//调用连接对象 conn 的
                    //createStatement()方法实例化一个 Statement 对象
```

（3）执行 SQL 命令。

Statement 接口方法摘要如图 14.15 所示。

ResultSet	executeQuery(String sql)执行给定的 SQL 语句，该语句返回单个 ResultSet 对象
int	executeUpdate(String sql)执行给定 SQL 语句，该语句可能为 INSERT、UPDATE 或 DELETE 语句，或者不返回任何内容的 SQL 语句（如 SQL DDL 语句）
int	executeUpdate(String sql, int autoGeneratedKeys)执行给定的 SQL 语句，并用给定标志通知驱动程序由此 Statement 生成的自动生成键是否可用于检索
int	executeUpdate(String sql, int[] columnIndexes)执行给定的 SQL 语句，并通知驱动程序在给定数组中指示的自动生成的键应该可用于检索
int	executeUpdate(String sql, String[] columnNames)执行给定的 SQL 语句，并通知驱动程序在给定数组中指示的自动生成的键应该可用于检索

图 14.15 Statement 接口的方法摘要

要想获得查询结果，先要定义要执行的 SQL 语句，再定义一个存放查询结果的结果集实例对象，这里使用 Statement 接口的 executeQuery(String sql)方法。

```
String sql="select * from userinfo";//定义要执行的 SQL 语句
ResultSet rs=stmt.executeQuery(sql);//执行查询，并把查询结果返回给结果值 rs
```

解题思路

（1）加载驱动类，创建连接。

（2）会话声明，构造 SQL 语句。

（3）执行 SQL 语句获得查询结果。

任务透析

```java
// 任务源代码: JDBCTest.java
import java.sql.*;

public class JDBCTest{
    public static void main(String[] args){
        String url="jdbc:sqlserver://192.168.1.100:1433; databasename
            =QQ";
        String userName="sa";
        String userPassword="sa";
        Connection conn=null;
        Statement stmt=null;
        ResultSet rs=null;
        try{
            //装载驱动（SQL Server）
            Class.forName("com.microsoft.sqlserver.jdbc.SQLServerDriver");
```

```
                    //创建连接
                    conn=DriverManager.getConnection(url, userName,
                    userPassword);
                    //会话声明
                    stmt=conn.createStatement();
                    //构造 SQL 语句
                    String sql="select * from userinfo";
                    //获得查询结果
                    rs=stmt.executeQuery(sql);
                    while (rs.next()){
                        //查询用户名和密码，字段分别为 username,password
                        System.out.println("用户名: " + rs.getString("username")
                            + "\t" + "密码: " + rs.getString("password"));
                    }
            }catch (ClassNotFoundException e){
                    e.printStackTrace();
                    System.out.println("数据库驱动错误");
            } catch (SQLException e){
                    e.printStackTrace();
                    System.out.println("数据库连接错误");
            } finally {      //始终释放对象
                    if (rs !=null){
                        try {
                            rs.close();
                        } catch (SQLException e){
                            e.printStackTrace();
                        }
                        rs=null;
                    }
                    if (stmt!=null){
                        try {
                            stmt.close();
                        } catch (SQLException e) {
                            e.printStackTrace();
                        }
                        stmt=null;
                    }
                    if (conn!=null) {
                        try {
                            conn.close();
                        } catch (SQLException e) {
                            e.printStackTrace();
                        }
                        conn=null;
                    }
                }
            }
        }
    }
```

程序运行结果如图 14.16 所示。

```
用户名：admin      密码：admin
用户名：cly        密码：cly
用户名：qaz        密码：qaz
用户名：qwe        密码：qwe
用户名：tong       密码：qwe
用户名：yang       密码：chyang
用户名：qw         密码：qw
```

图 14.16　任务 JDBCTest.java 运行结果

课堂提问

★　Statement 和 PreparedStatement 的主要区别是什么？

现场演练

按照任务的解题思路，去查查 API 帮助文档，完成数据库连接及数据查询的功能。

小　结

使用 API 帮助文档，首先要求对要使用的类有大致了解，即某个类大概是完成什么功能的。或者当不知道用什么类来完成程序功能时，可以先在网上搜索该用哪个类，然后在帮助文档中检索该类，看该类有哪些构造器，有哪些自带方法，每个方法里都有详细介绍，包括方法返回值、参数等。

MyEclipse 调试入门 «

项目描述

在完成代码开发后，接下来的工作就是测试。在前面的学习中，经常会用 System.out 来输出中间结果，以验证程序是否有逻辑错误。对于只有几十行的小程序，采用这种方法也是可行的，但是对于几百行上千行的代码，仍用 System.out 来检验代码效率是非常低的，代价也是非常大的。因此，本项目主要介绍 MyEclipse 的调试入门和基本技巧。

项目分解

本项目可分解为以下几个任务：

- 调试阶乘程序代码；
- 求水仙花数问题；
- 分解质因数问题。

任务一　调试阶乘程序代码

任务描述

给出求阶乘(n!=n * (n-1) * (n-2) *... * 1)的程序代码，发现运行结果不正确时，使用调试方法跟踪中间执行结果。

必备知识

1. 断点的概念

断点就是希望程序运行到哪里暂停，往往就是程序可能出错的地方。设定断点的办法很简单，在认为出错的那一行的行号前面双击即可。断点就是告诉编译器在执行到该点（该句）的时候停一下，方便用户查看当前变量的情况。在 MyEclipse 中设置断点很简单，在 Java 编辑视图下，直接在想要设置断点的那一行的最左边双击即可，出现一个黄色小点，说明添加断点成功。以 debug 方式运行 Java 程序后，可执行以下操作：

（1）按 F5 键单步执行程序，遇到方法时进入；

（2）按 F6 键单步执行程序，遇到方法时跳过；

（3）按 F7 键单步执行程序，从当前方法跳出；

（4）按 F8 键直接执行程序，遇到断点时暂停。

在进行 debug 调试时，会有很多有用信息显示在 debug 框里，如堆栈信息等。在程序界面里，将鼠标移到变量上时会有当前变量的属性值。

2．断点的分类

（1）条件断点。条件断点，顾名思义就是一个有一定条件的断点，只有满足了用户设置的条件，代码才会在运行到断点处时停止。在断点处右击，弹出快捷菜单，如图 15.1 所示。

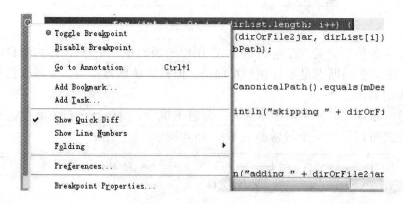

图 15.1　设置断点的快捷菜单

在图 15.1 中选择最后一项 Breakpoint Properties（断点属性）后，将会出现断点属性页面，如图 15.2 所示。

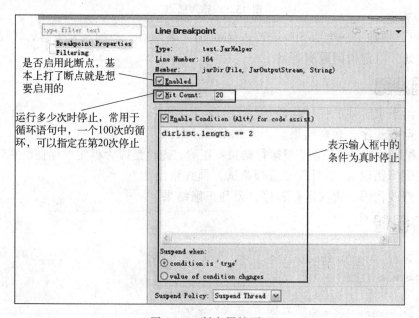

图 15.2　断点属性页面

Enabled 选项表示是否启用此断点，若希望启用则要选上。Hit Count 表示运行多少次时停止，常用于循环语句中，一个 100 次的循环可以指定在第 20 次停止。Enabled Condition 用于输入条件，可以选择当输入框中的条件为真时停止或条件的值改变时停止。

（2）方法断点。方法断点就是将断点设在方法的入口处，如图 15.3 所示。

```java
public class Examle {
    public static int factorial(int value){
        if(value==0){
            return value;
        }else{
            return value*factorial(value - 1);
        }
    }
```

图 15.3　方法断点

方法断点的特别之处在于它可以加在 JDK 的源码里，由于 JDK 在编译时去掉了调试信息，所以普通断点是不能加到里面的，但是方法断点却可以，可以通过这种方法查看方法的调用栈。

（3）异常断点。当程序发生异常时，会退出执行，要想找到异常发生的地方就比较难了，此时可以设置一个异常断点如图 15.4 所示。

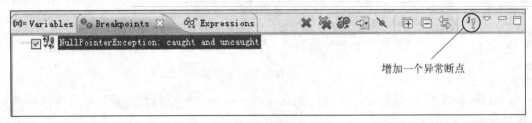

图 15.4　异常断点

例如，增加了一个 NullPointException 的异常断点，当异常发生时，代码会停在异常发生处，对定位问题有帮助。

解题思路

（1）给出求阶乘的程序代码。

（2）运行程序，观察结果。

（3）程序没有语法错误，但运行结果不正确，此时是因为程序中存在语意错误（也称算法或逻辑错误），要对程序进行调试，排查错误。

（4）修改代码，再次运行程序，得到正确结果。

任务透析

```java
//任务源代码：Example.java
package cn;

public class Example {
    public static int factorial(int value){
```

```
        if(value==0){
            return value;
        }else{
            return value*factorial(value-1);
        }
    }
    public static void main(String[] args) {
        System.out.println(factorial(5));
    }
}
```

本任务程序运行结果如图 15.5 所示。

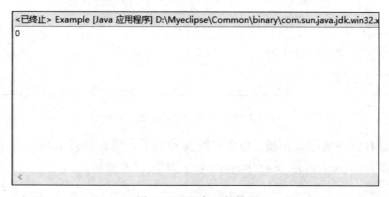

图 15.5　程序运行结果

这里要求的是 5 的阶乘，结果显然不正确，到底是哪个环节出错呢？接下来调试程序排查错误。

调试步骤

（1）设定断点(Breakpoints)。设定断点的办法是，在认为出错的那一行的行号前面双击即可，如果认为第 8 行可能出错了，就在对应行号前面双击产生一个断点，如图 15.6 所示。

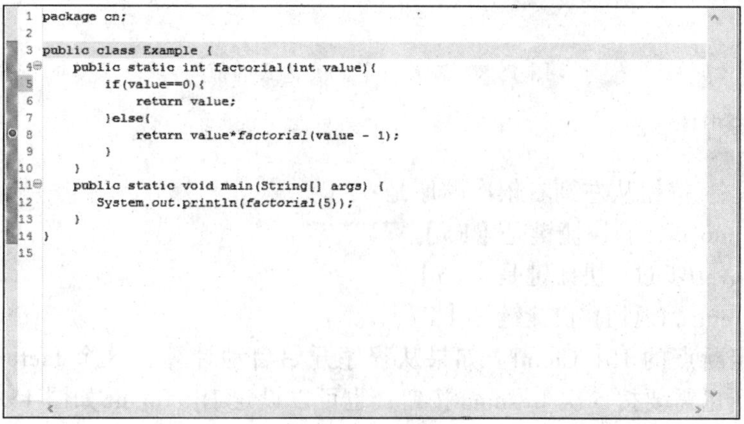

图 15.6　在程序第 8 行设置一个断点

（2）运行 debug。可选择菜单栏中的 run→Debug As→Java Application 命令（或是按旁边的箭头选「Debug As」→「Java Application」），以 debug 方式运行程序。

（3）进入调试模式，如图 15.7 所示。

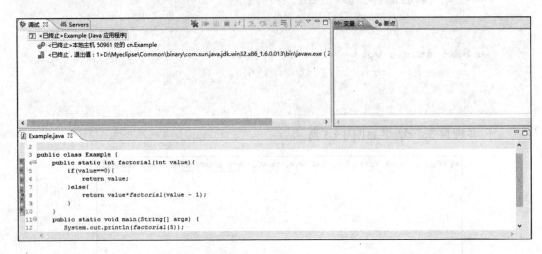

图 15.7　进入调试模式

（4）查看自定义表达式的值。想要实时查看一下当前表达式 value * factorial(value – 1)的值，选中 value，选择 run→Inspect 命令如图 15.8 所示。

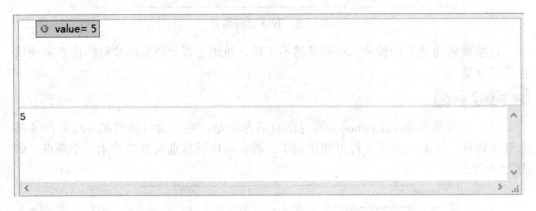

图 15.8　查看自定义表达式的值

（5）运行程序。

按钮从左到右依次顺序是：

① step into(步入) 快捷键是【F5】。

② step over(步过) 快捷键是【F6】。

③ step return (返回) 快捷键是【F7】。

（6）设定断点的 Hit Count。如果从程序开始启动计算，这个 factorial()方法要运行 5 次，所以需要按 5 次 Resume 按钮；也可以设定 Hit Count 如图 15.9～图 15.11 所示。

图 15.9　运行程序 1

图 15.10　运行程序 2

图 15.11　运行程序 3

（7）分析问题出现的原因如图 15.12 所示。

图 15.12　分析程序

当前是 value=1，按 F5 键进入方法内部如图 15.13 和图 15.14 所示。

图 15.13　状态 1

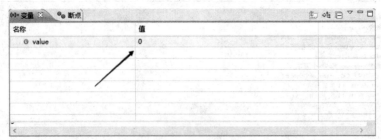

图 15.14　进入方法内部

此时，发现 value 变成 0 了，所以，方法调用结束就直接返回 0 值如图 15.15 所示。

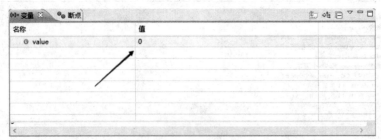

图 15.15　状态 2

我们找到问题的原因，因为阶乘最小是到 1，所以要将原程序中的第 5 行 "value==0" 改为 "value==1"，否则结果就总为 0。

（8）修改测试。找到错误后，应忽略所有的断点运行代码（选择 run→Skip All Breakpoints 命令），查看结果，如图 15.16 所示。

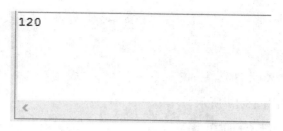

图 15.16　程序正确的运行结果

任务二　求水仙花数问题

任务描述

求 100～999 所有数中的水仙花数。跟踪程序的执行，找出所有水仙花数。

必备知识

1. 水仙花数的定义

水仙花数首行是一个 3 位数，然后要满足：其各位数字立方和等于该数字本身。例如:153 是一个"水仙花数"，因为 $153=1^3+5^3+3^3$。

2. 求水仙花数的算法

求水仙花数的关键是从一个三位数中分离出百位数、十位数和个位数。方法不是唯一的，下面介绍其中的一种。设该三位数由 i 代表，由 a、b、c 三个数字组成。百位数字 a=i /100; 十位数字：b=i/10%10; 个位数字：c=i%10。

解题思路

（1）按求水仙花数的算法，编写源程序代码。

（2）设置断点。

（3）调试运行程序，观察变量的变化，得出结果。

任务透析

```java
//任务源代码：Shuixian.java
package cn;
public class Shuixian {
    public static void main(String[] args) {
        int i,a,b,c;
        int m=1;
        for(i=100;i<=999;i++){
            a=i/100;
            b=i/10%10;
            c=i%10;
            if(Math.pow(a, 3)+Math.pow(b, 3)+Math.pow(c,3)==i)
```

```
System.out.println("第"+m++ +"个水仙花数: "+i);
        }
    }
}
```

程序运行结果如图 15.17 所示。

```
第1个水仙花数: 153
第2个水仙花数: 370
第3个水仙花数: 371
第4个水仙花数: 407
```

图 15.17　运行结果

调试步骤

（1）单击左上角的 调试 进入调试界面，在代码左边双击设置断点如图 15.18 所示。

```
1 package cn;
2 public class Shuixian {
3     public static void main(String[] args) {
4         int i,a,b,c;
5         int m=1;
6         for(i=100;i<=999;i++){
7             a=i/100;
8             b=i/10%10;
9             c=i%10;
10            if(Math.pow(a, 3)+Math.pow(b, 3)+Math.pow(c,3)==i)
11                System.out.println("第"+m++ +"个水仙花数: "+i);
12        }
```

图 15.18　设置断点 1

在断点处右击，从弹出的快捷菜单中选择 Breakpoin Properties 命令进入断点的属性界面，如图 15.19 所示。

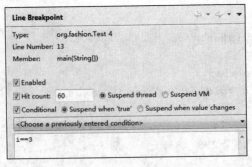

图 15.19　断点的属性界面 1

（2）调试运行程序，在调试界面右击，选择 Debug As 命令，单击 ▷ ⏸ ■ 继续或停止，按 F5 或 F6 键一步一步执行变量变化情况，如图 15.20 所示。

args	String[0] （标识=16）
i	100
a	1
b	0
c	0
m	1

图 15.20　变量变化情况 1

（3）观察变量的变化，得出结果如图 15.21 所示。

args	String[0] （标识=16）
i	103
a	1
b	0
c	3
m	1

图 15.21　变量变化情况 2

此时，还没有找到第一个水仙花数，如图 15.22 所示。

args	String[0] （标识=16）
i	154
a	1
b	5
c	4
m	2

图 15.22　变量变化情况 3

找到第一个水仙花数：153，如图 15.23 所示。

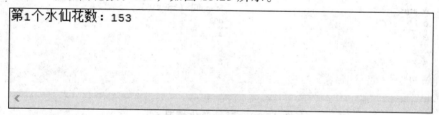

第1个水仙花数：153

图 15.23　找到第 1 个水仙花数

继续观察变量的变化情况，如图 15.24 所示。

args	String[0] （标识=16）
i	371
a	3
b	7
c	1
m	3

图 15.24　变量变化情况 4

找到第 2 个水仙花数：370，如图 15.25 所示。

```
第1个水仙花数：153
第2个水仙花数：370
```

图 15.25　找到第 2 个水仙花数

继续观察变量的变化情况，如图 15.26 所示。

args	String[0]（标识=16）
i	372
a	3
b	7
c	2
m	4

图 15.26　变量变化情况 5

找到第 3 个水仙花数：371，如图 15.27 所示。

```
第1个水仙花数：153
第2个水仙花数：370
第3个水仙花数：371
```

图 15.27　找到第 3 个水仙花数

继续观察变量的变化情况，如图 15.28 所示。

args	String[0]（标识=16）
i	408
a	4
b	0
c	8
m	5

图 15.28　变量变化情况 6

找到第 4 个水仙花数：407，如图 15.29 所示。

```
第1个水仙花数：153
第2个水仙花数：370
第3个水仙花数：371
第4个水仙花数：407
```

图 15.29　找到第 4 个水仙花数

继续观察变量的变化情况，如图 15.30 所示。

args	String[0]　（标识=16）
i	999
m	5
a	9
b	9
c	9

图 15.30　变量变化情况 7

最后一个数 999 不是水仙花数，调试结束。

任务三　分解质因数问题

任务描述

从键盘输入一个正数，将此数分解质因数。例如：输入 90，打印出 90=2*3*3*5。

必备知识

1. 分解质因数

分解质因数就是把一个合数写成几个质数连乘的形式。质数，即素数，指只能被 1 和它自己整除的数，如 2、3、5、7、11、13、17。分解质因数的例子，如：42=2×3×7。

2. 分解质因数的算法

通过把一个合数分解为两个或两个以上质因数的方法叫作分解质因数法。分解质因数的方法在求最大公约数和最小公倍数时有用，在学习有理数的运算、因式分解、解方程等方面也有广泛的应用。

分解质因数的算法：一般用短除法。首先要知道最基本的：个位为 0 或 5 则能被 5 整除；偶数能被 2 整除。i 从 2 开始到 n 的每一个 i 由 n 试除，如果能整除就再判断 i 是不是素数，如果是则 i 是 n 的一个质因子，然后 n=n/i，再将 i 归位回 2 再寻找 n 的质因子。

解题思路

（1）按分解质因数的算法，编写源程序代码。
（2）运行程序，观看结果。
（3）发现程序运行结果和预计的不一样，进入 debug 进行调试。
（4）找出程序中出错的语句，修改程序，再次运行，得到正确结果。

任务透析

```java
//任务源代码：Test4.java
import java.util.Scanner;
public class Test4 {
    public static void main(String[] args) {
```

```
    // TODO Auto-generated method stub
    System.out.print("请你输入要分解的数: ");
    Scanner in=new Scanner(System.in);
    int num=in.nextInt();
    System.out.print(num + "=");
    for (int i=2; i < num; i++) {
        if ((num % i)==0){
            System.out.print(i + "*");
            num=num / i;
            //i--;  //如果是该数的质数, i 不增大, 继续判断
        }
    }
    System.out.println(num);
}
}
```

预计运行结果如图 15.31 所示。

程序运行结果如图 15.32 所示。

请你输入要分解的数: 400
400=2*2*2*2*5*5

图 15.31　预计运行结果

请你输入要分解的数: 400
400=2*4*5*10

图 15.32　程序运行结果

此时，发现运行结果并不是我们预计的结果。因此，我们需要进行调试。

调试步骤

（1）单击右上角 [♦ 调试] 进入调试界面，在代码左边双击设置断点，如图 15.33 所示。

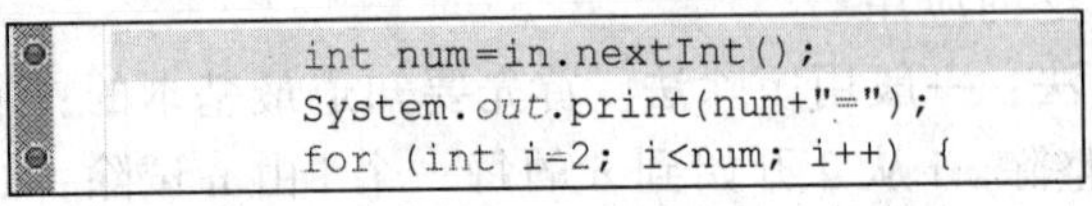

```
int num=in.nextInt();
System.out.print(num+"=");
for (int i=2; i<num; i++) {
```

图 15.33　设置断点 2

在断点处右击，从弹出的快捷菜单中选择 Breakpoin Properties 命令进入断点的属性界面，如图 15.34 所示。

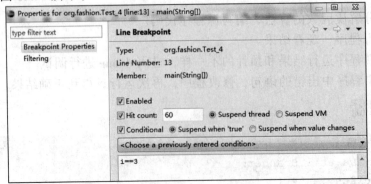

图 15.34　断点的属性界面 2

各个选项的含义如下：
- Enabled：是否启用此断点，选择该复选框表示启用。
- Hit count：常用于循环语句中，设置运行多少次时停止。例如，一个100次循环中可以设置60次停止。
- Conditional：在列表框中的条件为真或者条件的值发生改变时启用断点。例如，i==3时断点启动。

（2）调试运行程序，右击调试程序界面，在弹出的快捷菜单中选择 Debug As 命令，单击 ▶ ⏸ ■ 继续或停止，按 F5 键或 F6 键一步一步执行。变量的值如图 15.35 所示。

Name	Value
args	String[0] (id=16)
in	Scanner (id=19)
num	200
i	2

图 15.35　变量的值

（3）观察变量值的变化。如果代码执行停在了断点处，但是传过来的值不正确。这时只要单击需要更改的值就可以直接更改，然后输入想要改的值。

i 和 num 值的变化如图 15.36 所示。

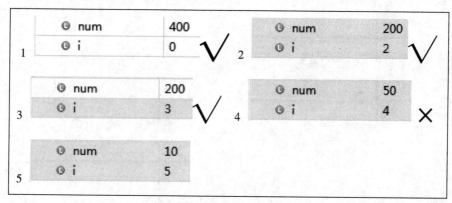

图 15.36　i 和 num 值的变化

第4幅图一定出错，当然不排除前面的图也有错误，只是观察不出来而已。200→50 显然有错，正确应该是 200→100。num 的值是由 i 改变的，要让 num 从 200 到 100，i 的值必须为 2，因此可以得出是 i 的值出错了。根据第 2、3 幅图可以看出当 i 能被 num 整除时，num=num/i，要继续比较 i 能否被新的 num 值整除。要想 i 保持原值，只需执行 i--，当执行到循环条件表达式三"i++"时，与之抵消，故 i 的值不变。因此，要在源程序中增加一行代码（即将 i--语句前的注释去掉），然后返回步骤一重新调试，至到结果完全正确为止。

事实上，该算法可以改进，i 从 2 开始只需求到 sqrt(num)即可。如果 i 能整除 n，那么不用判断 i，i 必为 n 的质因子，将 n=n/i，因为 n 可能有多个相同的质因子，为了避免遗漏，只需将 i--，当跳到下一步循环的时候与 i++抵消，i 的值不变。

小　结

　　MyEclipse 最有用的特性之一就是它集成的调试器，它可以交互式执行代码，通过设置断点，逐行执行代码，检查变量和表达式的值等。它是一款集检查和修复 Java 程序代码问题的常用工具。

思考练习参考答案 《《

项目一 Java 概述及开发环境搭建

一、选择题

1. B   2. A   3. B

二、填空题

1. Java 是面向对象的，C 是面向过程的
2. 封装、继承、多态   3. javac
4. main()方法   5. 花括号{ }

项目二 Java 语言编程基础

一、选择题

1. A   2. C   3. D   4. D   5. C

二、填空题

1. 选择结构、循环结构   2. i=4
3. Continue   4. 2   5. (x>y)?x:y

三、读程序写结果

1. –1   2. 5   3. –1

项目三 数组与方法

一、选择题

1. D   2. C   3. A
4. C   5. A（解释：形参可以看成方法中的局部变量。）

二、填空题

1. Length 　　　　2. a.equalsIgnoreCase(b) 　　　　3. 0
4. 重载 　　　5. void

三、读程序写结果

1. k=36
2. False
   true
3. 200

项目四　Teacher 类与对象的创建与使用

一、选择题

1. B 　　　　2. C 　　　　3. A 　　　　4. B 　　　　5. D

二、填空题

1. 继承、多态、封装 　2. 成员方法、成员属性
3. X x = new X( ); 　　　　4. Car、String 、double　z
5. 2

三、读程序写结果

1. a = 3
2. intversion
3. 姓名：张三，年龄：18
   姓名：张三，年龄：18
4. 20
   str1=tom
带参数的构造方法

项目五　类的继承与多态

一、选择题

1. D 　　　　2. B 　　　　3. A 　　　　4. D 　　　　5. A

二、读程序写结果

(1) Class A: a=1 　　 d=2.0
(2) Class A: a=1 　　 d=2.0
　　 Class B: a=3.0 　　 d=Java program.

项目六 抽象类、接口和包

一、选择题

1. C   2. D   3. B   4. D   5. D

二、填空题

1. 继承、多态、封装

2. 抽象类、包含抽象方法、不能直接创建实例

3. package、import

4. MAX 是常量，必须在声明的时候赋值；output()是抽象方法，不能有方法体

5. 用 final 修饰的方法是最终方法，不能被覆盖；用 final 修饰的类是最终类，不能被继承。

三、读程序写结果

1. 10

2. 25.0

3. 10

   9

项目七 异 常 捕 获

一、选择题

1. D   2. C   3. D   4. B   5. D

二、填空题

1. 编译时发生错误

2. 由于 Strings 没有初始化，代码不能编译通过。

项目八 Java 中 I/O 的使用

一、选择题

1. B   2. C   3. A   4. D   5. C

二、填空题

1. 应该将文件路径中的"\"换为"\\"或是"/"

2. 输出流、输入流。

3. IOException、FileNotFoundException

4. 判断在 D 盘根目录下有无一个名为 abc 的目录，如果有就将它删除，如果没有就创建它。

5. 当 fread()=-1 的时候代表指针已到达文件尾部。

三、编程题

1.
```java
import java.io.*;
public class Example
{
    public static void main(String[] args)
    {
     try
     {
       int i;
       FileReader f1=new FileReader("./aaa/eee1.txt");
       File f=new File("./aaa/eee3.txt");
       FileWriter f2=new FileWriter(f,true);
       //如果文件已存在，就写到文件尾部
       while(true)
       {
        i=f1.read();
        if(i==-1)
           break;
           System.out.print((char)i);   //显示当前字符
           if(i>=97&i<=122)
              i-=32;                      //小写变大写
           f2.write((char)i);
       }
       f2.close();
     }
     catch(FileNotFoundException e1)
     {
         System.out.println("指定文件不存在");
     }
     catch(IOException e2)
     {
         System.out.println("输入输出异常");
     }
     }
}
```

2.
```java
import java.io.*;
public class Example
{
    public static void main(String[] args)
    {
     try
     {
       int i,j;
```

```
        String s="";
        FileReader f1=new FileReader("a.txt");
        File f=new File("b.txt");
        FileWriter f2=new FileWriter(f);   //如果文件已存在，就覆盖它
        while(true)
        {
         i=f1.read();
         if(i==-1)
            break;
         if(i<48|i>57)
             {
             f2.write(""+(int)(Math.pow(Integer.parseInt(s),2)));
             //字符串转为数字再平方又转为字符串，未计算平方根
             f2.write((char)i);
             s="";
             }
           else
             s=s+(char)i;
      }
      f2.close();
   }
   catch(FileNotFoundException e1)
   {
       System.out.println("指定文件不存在");
   }
   catch(IOException e2)
   {
       System.out.println("输入输出异常");
   }
   }
}
```

项目九　图形用户界面编程

一、选择题

1. D　　　　　　2. D　　　　　　3. C　　　　　　4. A　　　　　5. A

二、填空题

1. AWT、Swing

2. CardLayout、容器被划分为网络单元的列数、垂直方向距离。

3. 文本框的初始文本、包含抽象方法，不能直接创建实例

4. import javax.swing.*;

5. 错误处见划线语句。

```
import javax.swing.JButton;
import javax.swing.JFrame;
class T extends JFrame
```

```
{
  T()
  {
    this.getContentPane().add(new JButton("OK"));
  }
}
public class Example
{
    public static void main(String args[])
    {
JFrame f=new T();
f.setSize(200,150);
f.setVisible(true);
    }
}
```

项目十　多　线　程

一、选择题

1. C　　　　2. B　　　　3. A　　　　4. B　　　　5. A

二、填空题

1. 程序运行结果为：one.Threadtwo.Thread　2. Vandeleur

3. Caught in main()　Nothing

项目十一　Java 网络编程

一、选择题

1. A　　　　2. D　　　　3. B　　　　4. A　　　　5. B

二、填空题

1. 统一资源定位器(Uniform Resource Locator)　　　2. getLocalHost()

3. accept()　　4. 端口

项目十二　用 Java 集合来实现学生信息的管理

一、选择题

1. C　　　　2. A　　　　3. D　　　　4. B　　　　5. A

二、填空题

1. Map　　2. 有、可以　　3. 无、不可以

4. 以 key-value 的形式来存放，value，key

项目十三　使用 JDBC 实现超市进销存管理

简答题

1. 答：可以采用连接池，对连接进行统一维护，不必每次都建立和关闭。事实上这是很多对 JDBC 进行封装的工具所采用的。

2. 答：PreparedStatement 在传参数时候用了占位符 "？"，在执行前先输入 sql 语句，Statement 正好相反，是在执行的时候传入 sql 语句的。区别在于，PreparedStatement 可以在传入 sql 后，执行语句前，给参数赋值，避免了因普通的拼接 sql 字符串语句所带来的安全问题，可以防止 sql 注入。而且准备 sql 和执行 sql 是在两个语句里面完成的，提高了语句执行的效率。

3. 答：程序中所使用的具体类名在开发时无法确定，只有程序运行时才能确定，这时候就需要使用 Class.forName 去动态加载该类，这个类名通常是在配置文件中配置的，jdbc 的驱动类名通常也是通过配置文件来配置的，以便在产品交付使用后不用修改源程序就可以更换驱动类名。

4. 答：最好的办法是利用 sql 语句进行分页，这样每次查询出的结果集中就只包含某页的数据内容。在 sql 语句无法实现分页的情况下，可以考虑对大的结果集通过游标定位方式来获取某页的数据。sql 语句分页，不同的数据库下的分页方案各不相同，主流的三种数据库的分页 sql：

```
sql server:
String sql = "select top " + pageSize + " * from students where id not in" +
  "(select top " + pageSize * (pageNumber-1) + " id from students order by id)" + "order by id";
mysql:
  String sql = "select * from students order by id limit " + pageSize*(pageNumber-1) + "," + pageSize;
oracle:
  String sql = "select * from " + (select *,rownum rid from select * from students order by postime desc) where rid<=" + pagesize*pagenumber + ") as t" + "where t>" + pageSize*(pageNumber-1);
```

参考文献

[1] 李刚. 疯狂 Java 讲义[M].2 版. 北京：电子工业出版社，2012.

[2] [美]CALVERT K L, DONAHOO M J. Java TCP/IP Socket 编程[M].2 版. 北京：机械工业出版社，2009.

[3] 李尊朝，苏军. Java 语言程序设计[M]. 2 版. 北京：中国铁道出版社，2007.

[4] [美]ECKEL B. TINKING IN JAVA[M]. Upper Saddle River：Prentice Hall，2006.

[5] 李兴华. Java 开发实战经典（名师讲坛）[M]. 北京：清华大学出版社，2009.